瓢蟲圖鑑

LadyBug

林義祥（嘎嘎）、虞國躍 著

晨星出版

自然界重要的捕食性甲蟲 —— 瓢蟲

　　在過去，筆者對於攝影題材可說是無所不拍，曾經花了五年時間拍攝 4000 多張以小市民為題的幻燈片，有了數位相機後，不僅迷上拍鳥，也拍風景、人像、植物和昆蟲，由於儲存卡可以重複使用的特性，讓照片迅速累積了龐大數量，因而覺得有必要選擇題材方向，於是一頭鑽進昆蟲的世界，學習認識昆蟲、生活史、行為和鑑定等基本功課。

　　昆蟲有大有小，鍬形蟲、蝴蝶、蜻蜓因體型較大而最受歡迎，一般玩攝影的人喜歡追逐稀有又漂亮的物種，但筆者卻反其道而行，反而喜歡蚊、蠅、螞蟻和瓢蟲等微小的昆蟲。或許受限於器材的關係，對於拍攝 3mm 以下小昆蟲的人並不多，通常在網路看到的照片品質也不是很好，於是筆者決定把微距攝影作為努力的目標，而瓢蟲是所有小昆蟲中最美麗的，不論顏色、斑紋，甚至連動作也十分可愛，然而瓢蟲身體似一個半圓球體，在陽光或閃光燈下會顯現黑色影子，並不是很美觀，為了消除黑影，筆者嘗試多種閃光燈及外接燈光輔助。拍攝過程中，遇到有些瓢蟲爬行速度很快，或是生性較為敏感容易裝死掉落地下，因此有不少拍攝技巧及問題要克服，也讓筆者心中燃起一股「越是難拍的昆蟲越有興趣」的鬥志。

　　2010 年在網路上認識虞國躍博士，他答應幫筆者鑑定瓢蟲，2011 年在中國大陸出版《臺灣瓢蟲圖鑑》，除了筆者提供的 100 種生態照片，外加上友人贊助的 4 種和虞博士提供的 60 種，總共彙集 164 種瓢蟲。虞博士的書付梓後也讓筆者興奮不已，因為藉由這本書，讓更多人了解臺灣瓢蟲的狀況。

　　臺灣瓢蟲有 236 種之多，目前還有一半筆者尚未見過，有些則是拍攝到但等待鑑定，有些則是遇到體型太小，未將細節拍攝清楚導致不容易鑑定，希望未來能把這些瓢蟲的生態照片都以更清晰的畫面呈現，以讓我們看到臺灣物種的多樣性和瓢蟲的美麗。

　　2012 年筆者推薦中國大陸出版的《臺灣瓢蟲圖鑑》給晨星的裕苗小姐，很快有了好消息，出版社願意以較多的內容和版面發行，並要筆者撰寫一些觀察心得和提供更多的照片，接下這個任務後，筆者整整半年不敢再碰觸嘎嘎昆蟲網而專心在這本書上，以閉關的心情再把過去十幾年所拍的照片又看一遍，並把一些遺漏的照片和有趣的行為挑出來重新編輯排版，規劃相似種比較以讓讀者容易閱讀，全書使用近千張照片，相信對於喜愛生態攝影的人來說也極具參考價值。

　　很榮幸能和虞博士合作出書，並感謝陳敬富、陳榮章、張文良、余素芳、竹子、古禮烘、許佳玲、May 提供共 28 張生態照片，感謝徐瑞娥、洪志仲、威廷、加非時光、文錫、Sky 等許多朋友協助提供瓢蟲的訊息，更要感謝筆者的太太和孩子曾多次陪伴一同尋找瓢蟲，一切因緣聚會本書才能完整呈現，謝謝大家。

2021 年 8 月

目次
CONTENTS

瓢蟲亞科

【如何使用本書】

　　本圖鑑收錄臺灣164種瓢蟲,有關物種分類、概述、鑑定、物種形態描述、標本提供由虞國躍規劃撰寫;瓢蟲觀察、瓢蟲攝影、生態照片挑選、圖片說明則由嘎嘎昆蟲網版主林義祥撰寫整理,此外,全書圖片除另有標示外,全由林義祥所拍攝。

瓢蟲亞科

臺灣慣用中文名

形態特徵
主要是體長和寬,體形和顏色說明,有時包括一些較為特殊的外部性狀介紹。

生活習性
包括一些生物學特性,但對於多數種類,我們並不知道牠們的習性,只列出標本採集地海拔的範圍。

備註
列出臺灣採集紀錄的文獻,提供與近緣種的區分特徵和其他需要說明的內容。

翅膀紅色,有7枚黑色的星斑。

七星瓢蟲
Coccinella septempunctata Linnaeus, 1758
模式產地:歐洲
同物異名:*Coccinella septempunctata brucki* Mulsant, 1866

體型 | L:5.2~7.2mm
　　 | W:4.0~5.7mm

食性

形態特徵
　　頭黑色,額部具2個白色小斑。前胸背板黑色,兩前角具近於四邊形白斑。鞘翅黃色、橙紅色至紅色,兩鞘翅上共有7個黑斑;鞘翅上的黑斑可縮小,部分斑點可消失,或斑紋擴大,斑紋相連。

生活習性
　　七星瓢蟲喜歡在低矮的植物上生活,多見於草地及農田。捕食多達60多種好蟲。1年可發生多代,卵期4~5天,幼蟲期17~19天,蛹期6~8天,每雌產卵650~1800粒,一天可產卵24~98粒。

96

▶七星瓢蟲被 *Oomyzus scaposus* 瓢蟲隱尾跳小蜂寄生羽化後,出現許多小孔洞。

分布
　　臺灣(各地包括蘭嶼);中國大陸(除海南、香港);古北區、東南亞、印度、紐西蘭和北美(引進)。

備註
　　採集紀錄很多(Weise, 1923;Miwa, 1931;Miwa et al., 1932;Miyatake, 1965;Sasaji, 1982;1988a;1994;Yu, 1995;盧國躍, 2010)。

食性
 肉食性　　 菌食性　　植食性

8

本書種類編排是以常見體大的瓢蟲亞科在先，個體較小的、不常見的種類在後，但仍以亞科為單位分為不同章節，各章前簡單陳述各亞科的特徵，同屬內外形態相似的種類放在一起。

變異個體

▲第 2 列斑相連。

▲第 2、3 列近翅縫的斑上下相連呈縱帶（稀少）。　▲各斑分離。

瓢蟲亞科
Coccinellinae

變異個體

本書僅列出與臺灣採集紀錄和名錄有關的同物異名。圖說包括圖片的拍攝時間和地點，或標本的產地。

相似種比較

針對容易混淆的物種斑型，提供形態特徵比較圖，並作出拉線標示，以便讀者比對查照。

相似種比較

前胸背板黑色

七星瓢蟲

前胸背板橙色

九斑盤瓢蟲

翅縫基部有一枚黑斑，左右翅各有 3 枚星斑。

翅縫基部有一枚黑斑，左右翅各有 4 枚星斑，盧國龍攝。

99

瓢蟲科的分類

　　臺灣面積雖然不大，但含括了熱帶、亞熱帶、溫帶和亞寒帶氣候，為世界所罕見；約在 12000~14000 年前的冰河時期，臺灣曾與大陸相連，因此不少生物可以互相交流；又受日本暖流影響，菲律賓等地的昆蟲可以抵達蘭嶼、龜山島及臺灣東南部等地，使得臺灣的自然生態環境具有極高複雜性。

　　在此複雜的環境與豐富的植物相中，臺灣的瓢蟲種類極為豐富，不但種類多，而且昆蟲相來源複雜，例如臺灣高山的不少瓢蟲與中國大陸西南一帶的不僅相同，也有一部分是舊北系；而平地所產的一些瓢蟲屬華南種類；臺灣東南及蘭嶼則有一些菲律賓、馬來半島和南太平洋的種類。不過臺灣的瓢蟲也有自己的演化史，具有較多的特有種，據觀察，臺灣仍有相當多的種類未被發現或紀錄，有待學者未來作進一步採集和研究。

　　瓢蟲科屬於鞘翅目多食亞目扁甲總科。早期瓢蟲科分為 3 亞科，即瓢蟲亞科、食植瓢蟲亞科和四節瓢蟲亞科。Sasaji（1968c）基於亞洲的資料，詳細研究了各代表種類身體各部分的形態特徵及演化方向，把瓢蟲分為 6 個亞科。這一分類系統得到了廣泛的認可，之後的作者多是增加亞科數量或對包含的族作適當調整（龐雄飛等, 1979；Yu, 1994；Kovář, 1996, 2007）。Ślipiński（2007）在研究澳大利亞瓢蟲時，把瓢蟲科分為 2 個亞科，原屬於小豔瓢蟲亞科中的 3 個族歸在 Microweiseinae 亞科，而把其他亞科（包括食植瓢蟲科）成為族，暫時放置在瓢蟲亞科中。最近利用分子生物學的方法對瓢蟲科進行分析（Giorgi et al., 2009; Magro et al., 2010），並沒得到滿意的答案，瓢蟲科的系統分類仍有待深入。本書仍採用 Sasaji（1968c）分 6 個亞科系統，但在本書中並沒有列出族一級的分類單元。

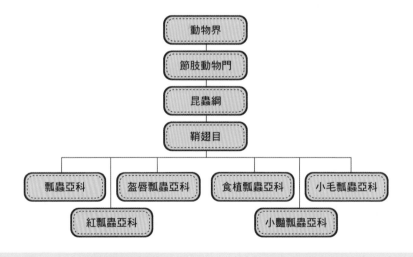

瓢蟲科的特徵

　　瓢蟲形態上通常為短卵形至圓形，有些呈長卵形，體長 1.0~14.0 mm，體背強烈拱起，有些拱起較淺，腹面常扁平，有些拱起明顯。從背面看，前胸背板和鞘翅相連通常寬而緊密。頭常嵌入前胸中，有時完全被前胸背板蓋住。前胸背板和鞘翅背面光滑，或披有或稀或密的細毛。

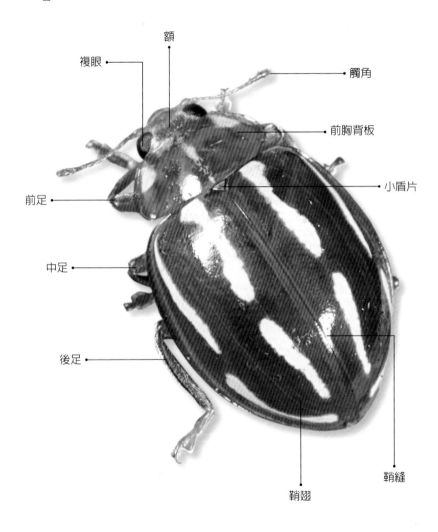

複眼　　　　　額　　　　　　　　　　觸角

　　　　　　　　　　　　　　　　　前胸背板

　　　　　　　　　　　　　　　　　小盾片

前足

中足

後足

　　　　　　　　　　　　　　　　　鞘縫

　　　　　　　　鞘翅

▲外部形態（正面）。

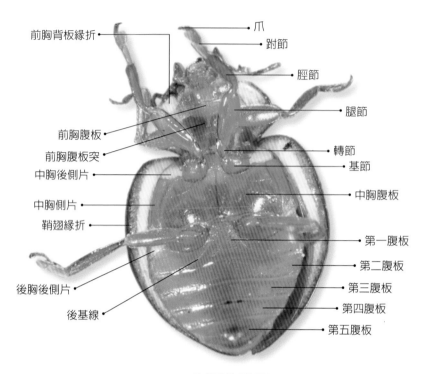

前胸背板緣折

爪

跗節

脛節

腿節

前胸腹板

前胸腹板突

中胸後側片

轉節

基節

中胸側片

中胸腹板

鞘翅緣折

第一腹板

第二腹板

後胸後側片

第三腹板

後基線

第四腹板

第五腹板

▲外部形態（腹面）。

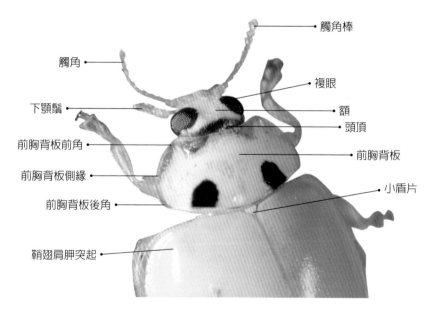

觸角棒

觸角

複眼

下顎鬚

額

頭頂

前胸背板前角

前胸背板

前胸背板側緣

小盾片

前胸背板後角

鞘翅肩胛突起

▲外部形態（頭部）。

大多數瓢蟲具以下 3 個特徵，即下顎鬚端節斧形、跗節隱四節式和第一腹板具後基線，可與其他近緣科區分。但這 3 個特徵並非瓢蟲科所特有，也不是所有瓢蟲同時具有這 3 個特徵。小豔瓢蟲亞科和小毛瓢蟲亞科中的許多種類，牠們的下顎鬚端節是圓錐形或兩側平行；許多種類的跗節是三節式。如果從一隻甲蟲中可找到二個或三個上述特徵，那麼即可以認定牠是瓢蟲。一些屬如展唇瓢蟲屬僅具後基線一個特徵。但這樣的種類並不常見。

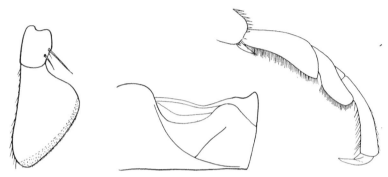

▲下顎鬚端節呈斧形式。　　▲第一腹板具後基線 （此處呈分　　▲跗節隱四節式 （第
　　　　　　　　　　　　　　　叉式）。　　　　　　　　　　　三節特別小）。

　　如果其他昆蟲身體是半球形，而且在硬化的前翅上有明顯斑點的話，可能會跟瓢蟲相混。有些半翅目、同翅目和許多甲蟲在外形上類似瓢蟲。如有些半翅目的盾蝽，牠的小盾片很大，覆蓋了整個腹部，但蝽類的口器是刺吸式的，也沒有後基線。有些金花科的甲蟲外型上也很像瓢蟲，甚至有些書把牠們描述為瓢蟲，如中國大陸、朝鮮和越南常見的十星偽瓢螢金花蟲曾被描述為食植性瓢蟲的一個新種，然而金花蟲的觸角比較長，跗節是 5 節或 4 節，不會是隱 4 節。

　　除上述 3 個特徵外，瓢蟲體卵形至半球形，足及觸角短，鞘翅上的刻點不成列等特徵也有助於與其他近似科作區別。

▲部分盾蝽科椿象的外形易與瓢蟲科相混（杜萊氏寬盾椿象）。

▲瓢蟲體型多為卵至半球形，足及觸角較短（咬人貓黑斑瓢蟲）。

瓢蟲的一生

　　瓢蟲是完全變態昆蟲，即幼期的形態與成蟲完全不一樣。一生要經歷 4 個蟲期：卵、幼蟲、蛹和成蟲。

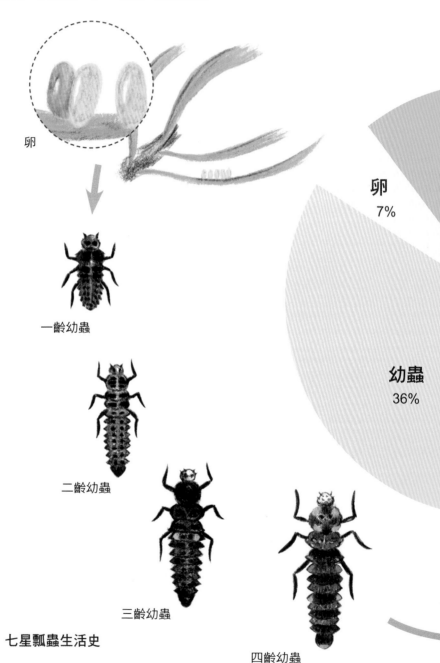

卵

一齡幼蟲

二齡幼蟲

三齡幼蟲

四齡幼蟲

卵
7%

幼蟲
36%

七星瓢蟲生活史

成蟲

成蟲
50%

蛹
7%

蛹

卵

常見瓢蟲的卵成堆暴露在外，具有警戒作用，告訴牠們的天敵「我們並不好吃」。外形呈卵形或紡錘形，淺黃色到紅黃色，然而有些瓢蟲卵單產，甚至還會隱藏在蚜蟲等屍體下。卵通常 2~7 天就能孵化，卵塊的大小與瓢蟲的食性和習性有關。

幼蟲

幼蟲是第二個蟲態，生活期多在 10 天至 3 個星期，從卵開始長到漂亮的成蟲全靠幼蟲期的取食，瓢蟲幼蟲生長迅速，食量很大。幼蟲總共脫皮 3 次，分為 4 個齡期。4 齡瓢蟲幼蟲在化蛹前用腹部末端黏在植物表面，身體稍拱起並縮短，不再取食，通常也不動，而體內卻進行激烈的組織重組，以便進入蛹期。

由於生活環境和捕食物件不同，通常有以下 4 種體型：

▲卵形的卵（橙瓢蟲）。

1. 體紡錘形，行動活躍，明顯可見 3 對足，體背上有毛片和瘤突（或少量的枝刺）， 身體表面常常有鮮豔的顏色，如七星瓢蟲、龜紋瓢蟲等。

2. 體型與上一類相近，或稍胖，但身體表面具有分枝的刺（枝刺），如食植瓢蟲族和盔唇瓢蟲屬。

3. 體扁卵形，足短，看上去像一個薄片，如四斑廣盾瓢蟲。

4. 身體柔軟，毛片和瘤突退化，身體表面覆蓋著白色的棉絮狀蠟絲，如小毛瓢蟲類。

▲七星瓢蟲的幼蟲。

▲四斑廣盾瓢蟲幼蟲，虞國躍攝。

▲八仙黑斑瓢蟲幼蟲身體表面具分枝的刺。

▲小毛瓢蟲類幼蟲。

蛹

　　蛹是瓢蟲的第三個蟲態，化蛹的過程很短，有時只需幾秒鐘就能完成，一般情況下很難觀察到。有時前蛹期的蟲體會把身體挺立起來，趕走像螞蟻一類的小昆蟲，但有時未見干擾，蛹自己也會挺立起來。瓢蟲的蛹多數是裸露的，即在化蛹時把幼蟲的脫皮殼褪在與基質相黏的一端；但盔唇瓢蟲族和短角瓢蟲族中，化蛹後的脫皮殼僅在前部或背面中央開裂，蛹的大部分仍在幼蟲皮內，僅部分外露。蛹的生活期多 2~10 天。

▲六條瓢蟲的蛹。

▲黃瓢蟲的蛹。

羽化

　　脫胎換骨後的瓢蟲依然保有原本的「食性」，當牠幼蟲時期是捕食蚜蟲，成蟲階段依然捕食蚜蟲；幼蟲時期是取食植物，成蟲階段就仍然取食植物，這與常見的蛾、蝶不太相同。成蟲通常可生活幾個月，有的長達 1~2 年，實驗室最長的紀錄是黑緣紅瓢蟲，將近生活了 3 年。

▲剛羽化的六條瓢蟲顏色較淺。

　　剛羽化時，成蟲的鞘翅非常柔軟，淺色而無斑紋。有些種類如七星瓢蟲的後翅會伸出鞘翅展開直至硬化，有些瓢蟲如長管小毛瓢蟲、澳洲瓢蟲等會靜靜地待在蛹殼下，直至翅硬化。鞘翅上的斑紋逐漸出現，有時是幾分鐘，幾個小時，甚至幾天或幾周。對於有紅斑的瓢蟲而言，新羽化的成蟲紅色較淺，呈紅黃色或黃色，可保持幾周或幾個月，這樣在較長時間內比較容易區分新一代成蟲還是越冬或老一代的成蟲。

▶羽化一段時間後的六條瓢蟲斑紋逐漸顯現。

17

成蟲

　　昆蟲成蟲的目的是為了繁衍後代。從蛹羽化而出的成蟲經過一段時間（有的是幾天，有的要等到第二年春天），牠們的性成熟了，即可以交配繁殖後代。瓢蟲的交配形式呈背負式，即雄蟲爬在雌蟲的後背。

▲龜紋瓢蟲雄蟲欲與赤星瓢蟲雌蟲交尾。

◀瓢蟲的交配形式呈背負式（七星瓢蟲）。

　　捕食蚜蟲的瓢蟲為了後代能夠存活，就要以蚜群發展的情況來決定產卵數量。如果瓢蟲媽媽產卵太早，蚜蟲還不多，那麼對於捕食量較大的瓢蟲幼蟲來說，可能會因大量捕食而使蚜群滅亡；如果在蚜種發展的晚期，當瓢蟲的幼蟲還沒有達到化蛹的時候，蚜蟲已不見了（多數蚜群持續的時間不長），這樣幼蟲還是不能完成發育。總之，產卵太多，蚜蟲不夠吃，瓢蟲的生存還是有問題，或不能完成發育，或得相互殘殺，才能使少數瓢蟲完成發育。

　　在自然界，食蚜瓢蟲常常是在蚜群發展的早期產少量的卵，這樣對蚜蟲的壓力不會太大，瓢蟲和蚜蟲可以共同繁榮。從這一點看來，可知食蚜瓢蟲是很精明的。

▲赤星瓢蟲將卵產於蚜蟲旁邊。

▲後斑小瓢蟲取食蚜蟲。

天敵

　　瓢蟲雖有堅硬的鞘翅，但仍無法躲避天敵的捕食，尤其脆弱的幼蟲和蛹階段，因此某些瓢蟲幼蟲及蛹的體表具有明顯的枝刺或是警戒色，以對捕食者起防禦作用。

　　在自然界中，蚜蟲與螞蟻可說是好朋友，因為蚜蟲、介殼蟲會吸食植物的汁液，由於牠們可分泌一些具甜味的營養物質作為禮物送給螞蟻，因此螞蟻把蚜蟲當作「乳牛」，而不允許他人攻擊蚜蟲。然而經過長期進化，瓢蟲也有了許多對付螞蟻的辦法，例如分泌蠟絲這項技能，便可使幼蟲偽裝成捕食目標的樣子，讓螞蟻無從分辨。

　　不過瓢蟲與螞蟻也並不是都處於對立的關係，當沒有蚜蟲的季節時（蚜蟲消亡季節），螞蟻與瓢蟲不存在利益衝突，這時兩者就會和平共處。

▲遭蟹蛛捕食的瓢蟲幼蟲。

▲瓢蟲偶爾會有取食花蜜的行為，因此牠會受到螞蟻的驅趕。

▲杜虹十星瓢蟲遭天敵椿象捕食。

瓢蟲的經濟意義

瓢蟲的經濟意義主要與牠們的食性有關，或是與人類的利益相關。當牠們不利於我們的經濟利益或與審美觀衝突時，瓢蟲便成了害蟲；相反時則成為益蟲。按食性，我們可以將瓢蟲分為三大類：

1. 肉食性瓢蟲：捕食多種昆蟲綱（多屬於同翅目的蚜蟲、介殼蟲、粉蝨等）和蛛形綱（紅蜘蛛）的動物，大多數瓢蟲屬於這一類。

2. 植食性瓢蟲：食植瓢蟲亞科及一部分瓢蟲亞科的種類屬於這一類。取食植物的葉子，有的喜歡豆角（豆科植物），有的喜歡茄子或馬鈴薯（茄科）等。

3. 菌食性瓢蟲：食菌瓢蟲族屬於這一類，多取食白粉菌的孢子。

由於肉食性瓢蟲多捕食蚜蟲、蚧蟲、粉虱和蟎類等農業上的害蟲，因此在自然和人工生態系統中，對於保持害蟲與植物之間的平衡起了重要作用。現代的生物防治始於 1888 年，美國加州從澳大利亞引入澳洲瓢蟲，成功防治了一度毀滅加州柑橘業的吹綿蚧，從那時起，瓢蟲就成為害蟲生物防治的「英雄」。

食植瓢蟲亞科多取食茄科和葫蘆科植物，也取食其他科植物，特別是豆科和菊科。由於許多栽培植物像是馬鈴薯、番茄、南瓜和豆類屬於這些科，因而時常遭受植食性瓢蟲的危害，但多數種類並不造成經濟損失，有些甚至取食農業雜草。

菌食性瓢蟲取食真菌孢子，特別是白粉菌。白粉菌是農作物和樹木上的重要病害，這些瓢蟲在白粉病的防治上具有一定作用。

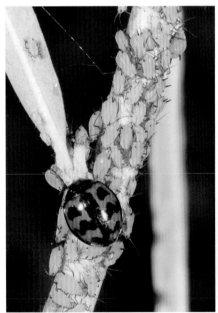

▲六條瓢蟲與蚜蟲。

▲大十三星瓢蟲以蚜蟲為食。

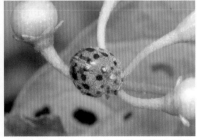

▲常見茄二十八星瓢蟲於龍葵等茄科植物寄主。

瓢蟲亞科
Coccinellinae

　　下顎鬚端節斧形；觸角 11 節，較長，通常長於頭寬的 2 / 3，著生於頭的背面兩側；跗節 4 節，第 3 節短小；體背光滑無毛，或個別體背具密毛，則個體較大，常大於 8.0mm。

　　本亞科的瓢蟲個體較大，多數大於 3.0mm，體背光滑。多數捕食蚜蟲、蚧蟲等同翅目昆蟲和蟎類，也有一部分捕食金花蟲幼蟲、鱗翅目幼蟲等，另有一些取食白粉菌的菌絲和孢子。

正常斑型，兩翅接合處中央的斑型近似橢圓形。

龜紋瓢蟲

Propylea japonica (Thunberg, 1781)

模式產地：日本

同物異名：*Propylea conglobata*: Miwa, 1931 (nec. Linnaeus, 1758)
Propylea quaturodecimpunctata: Miwa et al., 1932 (nec. Linnaeus, 1758)

體型　L：3.5~4.7mm　食性
　　　W：2.5~3.2mm

形態特徵

　　頭白色或黃白色，頭頂黑色，雌性額中部具一黑斑，或與黑色的頭頂相連。前胸背板白色或黃白色，中基部具一個大型黑斑。鞘翅黃色、黃白色或橙紅色，側緣半透明，鞘縫黑色，斑紋變化多，典型的為龜紋型，斑紋擴大，鞘翅可幾乎全黑，或斑紋縮小，除黑縫外無黑斑。

備　註

　　採集紀錄很多（Weise, 1923；Sasaji, 1968b；1982；1988a；1991；1994；Yu, 1995；姚善錦等, 1972 等）。

生活習性

　　常見於平地至低海拔山區的農田、雜草、果園、樹叢等環境，捕食多種蚜蟲，包括大豆蚜、棉蚜、蘿蔔蚜、桃蚜、麥長管蚜等。幼期發育快，夏季卵期 2~4 天，幼蟲期 7~8 天，蛹期 2~4 天。成蟲趨光性。

分布

　　臺灣（包括蘭嶼均有分布）；中國大陸廣泛分布；日本、俄羅斯、韓國、越南、不丹、印度。

　　龜紋瓢蟲體背像龜紋，外觀近似大龜紋瓢蟲但體型不到其一半，活動力敏捷。常見龜紋瓢蟲雄蟲企圖與不同種的瓢蟲交尾，小小個子追著體型較大的赤星瓢蟲雌蟲，從地面追到莖枝上欲行交尾，精力旺盛，模樣十分有趣。

　　本種普遍分布於平地至低海拔山區，數量雖多但因身體甚小反而不容易觀察到牠，印象中菜園和周邊的雜草上較容易看到。幼蟲和成蟲群聚捕食小蚜蟲，成蟲斑紋變異很大，2006年6月筆者在八掌溪拍到許多不同斑紋的個體交尾，其中黑翅型的雌蟲和雄蟲與正常斑型交尾，拍下來的照片就是最好的鑑定，不管體色怎樣改變，前胸背板前緣都有一條細窄的黃白色邊紋，加上交尾的佐證，不用猶豫牠就是龜紋瓢蟲。

▲卵置於蚜蟲生長的環境。

▲向上爬的幼蟲，虞國躍攝。

▲取食蚜蟲。

▲遭某種小蜂寄生的龜紋瓢蟲蛹。

▶在捲葉裡尋找蚜蟲。

▲龜紋瓢蟲雄蟲企圖與赤星瓢蟲交尾。

▲不同斑型的龜紋瓢蟲交尾。

▲不同斑型交尾，雄蟲頭部前緣白色，雌蟲於白色區域內中央有1枚黑色的三角斑。

相似種比較

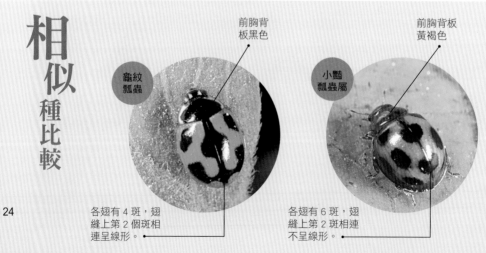

前胸背板黑色

龜紋瓢蟲

各翅有4斑，翅縫上第2個斑相連呈線形。

前胸背板黃褐色

小豔瓢蟲屬

各翅有6斑，翅縫上第2斑相連不呈線形。

▲龜紋正常斑型。

▲第3列斑不相連。

▲翅縫上的斑消失。

▲各斑相連（稀少）。

▶鞘翅黑化型
　（稀少）。

◀只有翅縫線，其餘各斑消失。

25

黃寶盤瓢蟲，斑紋十分漂亮。

黃寶盤瓢蟲
Propylea luteopustulata (Mulsant, 1850)

模式產地：印度

同物異名：*Oenopia (Pania) luteopustulata* Mulsant, 1850
Oenopiapracuae Weise, 1891
Coelophora insularis Sicard, 1912

體型　L：4.2~5.3mm　食性
　　　W：3.4~4.3mm

形態特徵

　　頭黃棕色，有時頭頂具黑斑。前胸背板黃棕色，無黑斑；或基部具一對小黑斑；或4個小黑斑；或1個「八」字黑斑。鞘翅上黑斑呈 3-2-1 排列，有時前排外側 2 個斑紋可相連，中排的 2 個斑紋常常相連，翅端的斑紋可消失。

 備註

　　有一些採集紀錄（Weise, 1923；1929；Sasaji, 1982；Sasaji, 1994；Yu, 1995；盧國躍, 2010）。

生活習性

　　分布於臺灣低、中海拔地區，捕食蚜蟲、木蝨等。

分布

　　臺灣（各地均有分布）；陝西、河南、福建、廣東、廣西、雲南、四川、貴州、西藏；越南、緬甸、泰國、尼泊爾、不丹、印度。

　　黃寶盤瓢蟲斑紋近似八斑盤瓢蟲的八斑型，體背紅色至橙紅色。前胸背板無斑或 1~4 個不明顯的褐色斑。翅膀左右各有 6 枚黑斑呈 3-2-1 排列，各斑相連或分離，普遍分布於低、中海拔山區，筆者於 10~2 月及 5~6 月間有多筆紀錄，棲息環境最高可達海拔 1500 公尺的鎮西堡。2004 年 12 月首次在嘉義梅山鄉發現前胸背板具「八」字紋的個體與正常斑型交尾，之後多次在草嶺山區又見到這種斑型，可見牠們的族群在這個山區數量很多。

▲幼蟲體背的斑紋很多。

◀黃寶盤瓢蟲爬到枝上準備起飛。

▲黃寶盤瓢蟲一邊交尾一邊爬行，從枝葉上爬到地面。

▲翅端無黑斑的個體。

▲前胸背板的斑紋變異。

▲前胸背板有一枚「八」字黑斑的個體。

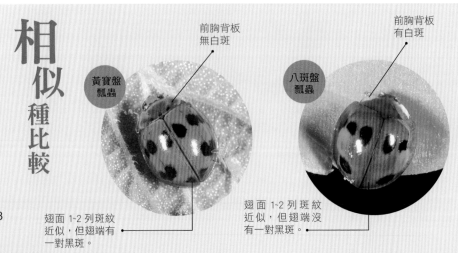

相似種比較

前胸背板
無白斑

黃寶盤
瓢蟲

前胸背板
有白斑

八斑盤
瓢蟲

翅面 1~2 列斑紋
近似，但翅端有
一對黑斑。

翅面 1~2 列斑紋
近似，但翅端沒
有一對黑斑。

左3條右3條橫斑故稱六條瓢蟲（正常斑型）。

六條瓢蟲／六斑月瓢蟲

Cheilomenes sexmaculata (Fabricius, 1781)

模式產地：印度

同物異名：*Menochilus quadriplagiatus* (Swartz, 1808)
　　　　　Menochilus sexmaculatus (Fabricius, 1781)

體型 L：3.6~6.5mm　食性
　　 W：3.2~5.3mm

形態特徵

　　頭部黃白色，有時頭頂黑色。前胸背板黑色，中央有一個倒「八」字形白斑與白色前角相連，此斑可擴大，稀消失，或黑色，僅前角黃白色。鞘翅上的斑紋多變（20多種），常見的是鞘縫及外緣黑色，每一鞘翅上有3個橫向黑斑（即六斑型）；另一種黑色的鞘翅上各有2個紅斑，一個在翅基部，另一個在翅的近端部（即四斑型）。鞘翅上的紅色部分或黑色部分均可擴大或縮小，有時鞘翅幾乎全黑。

生活習性

　　棲息於多種生態環境，農田、森林、庭園及雜草均有其活動；食性很雜，主要捕食蚜蟲，也取食木蝨、粉蝨、飛蝨、蚧蟲、蟎類等，或捕食螟蛾、夜蛾（如甜菜夜蛾）、蝶類等鱗翅目的小幼蟲。

分布

　　臺灣（各地均有分布）；陝西、甘肅、河南、江蘇、浙江、江西、湖南、四川、重慶、福建、廣東、香港、廣西、海南、貴州、雲南；日本、東南亞至澳大利亞、中亞、南亞、塞舌耳。

備註

採集紀錄很多（Timberlake, 1943；Weise, 1923；Miwa, 1931；Bielawski, 1962；Sasaji, 1982；1988a；1991；1994）。

六條瓢蟲的翅膀因左右各有 3 條黑色橫斑而得名，各列斑左右或上下相連，有時收窄，有時擴大到全翅，形態變異達 20 多種。2006 年 1 月筆者在苗栗縣苑里一處荒廢的田裡發現數萬隻六條瓢蟲聚集在豆科的蔓藤上，有卵、幼蟲和剛羽化的成蟲，不禁讓人大開眼界。

這種瓢蟲的翅斑變幻莫測，但仔細觀察還是有些規則可循：皆從左右各 3 列黑色斑相連或擴大所變化出來。多年來從北到南的昆蟲調查中，對於這種瓢蟲的興趣始終不減，有時拍到斑紋擴大全黑或後半黑色的個體時，就像中了彩券般令人興奮，因此不斷地拍攝同樣的物種，並將不同的照片擺放在一起，宛如「集郵簿」般記錄著美好的回憶。

▲卵通常置於葉背，以減少陽光曝晒及天敵吞食，增加存活的機率。

▲初齡幼蟲脫皮後變大了。

▲幼蟲取食茄二十八星瓢蟲的卵。

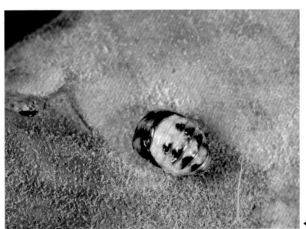

▲初齡幼蟲集體捕食一隻蚜蟲。

◀將羽化的蛹。

▲斑紋漸漸浮現。

▲剛羽化翅面為單純的淡黃色。

▲瓢蟲旁邊是羽化後的空殼。

◀六條瓢蟲欲與七
星瓢蟲交尾。

◀六條瓢蟲上雄下雌，可
從前胸背板及頭額的斑
紋區分。

31

▲正常斑型。

▲ 1~3 列斑左右相連。

▲各斑左右上下都相連。

▲1、2 列斑相連。

▲ 翅縫線擴大。

▲1、2 列斑上下相連（稀少）。

◀3、4 列斑上下相連。

◀1、2 列斑相連擴大。　　▲1~3 列斑擴大全黑（稀少）。

▲1、2 列斑相連呈橫帶，至末端消失。　　▲2、3 列斑相連擴大（稀少）。

◀1、2 列斑相連末端擴大。

相似種比較

六條瓢蟲雄蟲

前胸背板有一對向後緣延伸的白色斑紋，於前緣相連。

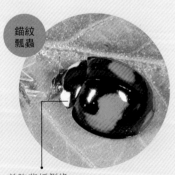

錨紋瓢蟲

前胸背板側緣具寬大的白色斑紋，於前緣相連。

33

前胸背板黑色，陳榮章攝。

團聚麗瓢蟲
Adalia conglomerata (Linneaus, 1758)
■ 模式產地：歐洲

體型 | L：3.0~4.5mm
| W：2.4~2.9mm

食性

形態特徵

體卵形。頭黑色，額中部具 1 對較大的黃白色斑。前胸背板黑色，兩側具大型白斑。鞘翅紅棕色，側緣為黃白色（標本為淡黃褐色）。

生活習性

生活在中、高海拔山區，捕食樹上的球蚜等。

分布

臺灣（南投）：內蒙古、甘肅、陝西、雲南；日本、俄羅斯、蒙古至歐洲。

備註

僅 1 筆紀錄（盧國躍, 2010），目前僅發現於南投的翠峰和合歡山。

團聚麗瓢蟲於 2010 年才記錄於臺灣，目前僅發現於南投的翠峰和合歡山。在中國大陸牠的斑紋變化較多，有時鞘翅上會有黑斑，但在臺灣其斑紋變異不大，黑色的前胸背板兩側具大白斑，紅棕色鞘翅具黃白色邊緣，可與臺灣其他瓢蟲相區分。該種瓢蟲生活於中、高海拔山區，捕食針葉樹上的球蚜，據觀察，成蟲捕食球蚜時，是利用回吐吸食的方式進行取食，與常見大瓢蟲的咀嚼取食方式不同。

▲鞘翅紅棕色，陳榮章攝。

每一鞘翅上具一「川」字形白紋，Kitano 攝。

六條中齒瓢蟲

Myzia sexvittata (Kitano, 2008)

模式產地：臺灣（花蓮）

同物異名：*Sospita (Myzia) sexvittata* Kitano, 2008

特有種　體型　L：8.2mm　食性　W：6.6mm

形態特徵

　　體背橙褐色。前胸背板兩側具一個黃白色大斑。每一鞘翅具 3 條黃白色縱紋，近鞘縫處的一條在中部收窄，中部一條較短，位於鞘翅的基半部，外側的一條較細，從翅基伸達翅端，並在端部擴大成圓形。

生活習性

　　分布於中海拔山區。

分布

　　臺灣（花蓮）。

　　六條中齒瓢蟲是 2008 年發表的新種，記錄於花蓮關原。牠的身體寬大，每一鞘翅上具一「川」字形白紋，無近似種。這屬的瓢蟲多生活在松柏類等針葉樹上，捕食樹上的大蚜。

 備註

　　僅 1 筆紀錄（Kitano, 2008），一雄性正模採自花蓮關原。

瓢蟲亞科 Coccinellinae

楔斑溜瓢蟲停棲寄主枝條。

楔斑溜瓢蟲
Olla v-nigrum (Mulsant, 1866)
▌模式產地：墨西哥

外來種  體型 | L：4.5~5.5mm 食 | W：3.8~4.5mm 性

形態特徵

　　體背呈象牙白色。頭頂具 2 個相連的大黑斑。前胸背板具 7 個黑斑，中間 3 個有時相連呈「Y」形，或與位於中部的 5 個黑斑相連。每一鞘翅具 8 個黑斑，斑紋呈 4-3-1 排列，有時第 1 排近鞘縫的 2 個斑相連；鞘翅中縫黑色。腹面後胸腹板有一個倒「V」字形白斑。

生活習性

　　捕食蚜蟲、木蝨、粉蝨等小昆蟲。

 備 註

　　僅 1 筆（虞國躍，2010）。

分布

　　臺灣（花蓮、高雄、臺南、臺東、嘉義、澎湖）；日本、南美洲北部至加拿大南部。

▲成蟲及幼蟲以銀合歡木蝨為食。

楔斑溜瓢蟲為臺灣唯一呈白色的瓢蟲，早期出現在花蓮、臺東、高雄，之後往北擴散到臺南、嘉義。2006年6月筆者首次在花蓮光復鄉和天祥發現，當時已經有朋友在東部拍到，只是不知道物種別，誤以為植食性，後來經鑑定後，楔斑溜瓢蟲在臺灣有了中文名，其顏色和名字都很可愛，讓人印象深刻。2012年在臺南市白河山區的銀合歡上觀察到楔斑溜瓢蟲完整的生活史，幼蟲和成蟲群聚在銀合歡樹上，嫩葉處可見木蝨和卵，是一種捕食性的瓢蟲。

臺灣還分布另一種色斑型：體背黑色，前胸背板前緣具很窄的白色帶，中線前半部白色，側緣白色，較寬，中部內凹。鞘翅黑色基部約1／3處具一個橙紅色大斑，略呈橫向的「S」形。

▲卵黃色，附著於葉背。

▲幼蟲，頭、胸、腹部有白色或黃色的斑點。

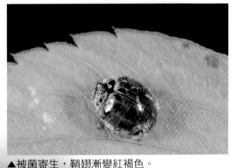

▲被菌寄生，鞘翅漸變紅褐色。

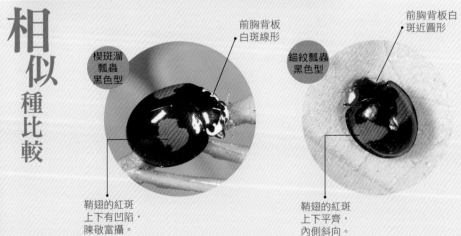

◀蛹。

相似種比較

楔斑溜瓢蟲黑色型

前胸背板白斑線形

鞘翅的紅斑上下有凹陷，陳敬富攝。

錨紋瓢蟲黑色型

前胸背板白斑近圓形

鞘翅的紅斑上下平齊，內側斜向。

前胸背板有 2 條淡褐色縱紋，翅背有 5 條灰色縱帶。

灰帶黃裸瓢蟲 / 三紋裸瓢蟲

Calvia championorum Booth, 1997

模式產地：印度

體型 L：6.6~7.8mm　食性
W：5.3~6.0mm

形態特徵

背面淺黃至黃綠色。前胸背板有時具「M」字形的淺灰色斑或「八」字形的褐條。每一鞘翅上有 4 條淺灰色的條形斑紋，其中一條位於鞘縫處，很窄。這種瓢蟲鞘翅上的灰色條紋實際上是鞘翅裡面所透過來的顏色，真正黑色條紋是在鞘翅的反面，因此當瓢蟲把翅打開，可以看到鞘翅裡面的黑色條紋。

生活習性

分布於中海拔山區，具趨光性，捕食蚜蟲、球蚜等。

分布

臺灣（宜蘭、新竹、南投、嘉義、臺中）；甘肅、陝西、四川、雲南；印度。

備註

只有幾筆紀錄（Yu & Wang, 1999a；1999c；虞國躍, 2002；2008；2010）。

灰帶黃裸瓢蟲在中國大陸稱為三紋裸瓢蟲，左右翅面各有 3 條縱紋，其斑紋近似縱條黃瓢蟲，但本種縱紋呈灰色，後者為褐色。本種主要分布於中、高海拔山區，成蟲 4~7 月出現，5 月為高峰期，曾於明池、觀霧、鎮西堡、碧綠、阿里山發現，此種瓢蟲筆者拍攝不少，主要都在夜晚，由於該種瓢蟲具趨光性，夜晚會飛到燈光下的地面、牆角，因此極易發現到牠的黃色身影。此外，筆者曾有一次在阿里山見過幼蟲，該形態為前胸背板具 2 對鑲黑色的白斑，棲息於葉背。

▶幼蟲前胸背板有 2 條黑色縱斑，中後胸背板各有 2 枚黑色圓斑，胸背板有 4 枚黑色圓斑，背中線呈黃色或淡色縱紋。

▲遇到騷擾會裝死。　　　　　　　▲灰帶黃裸瓢蟲夜晚會趨光。

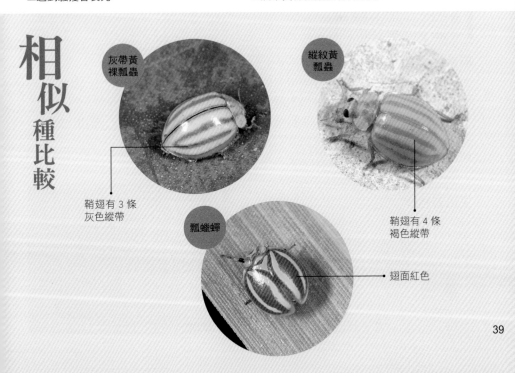

相似種比較

灰帶黃裸瓢蟲

鞘翅有 3 條灰色縱帶

縱紋黃瓢蟲

鞘翅有 4 條褐色縱帶

瓢蠟蟬

翅面紅色

翅膀左右各有 5 枚白斑。

華裸瓢蟲
Calvia chinensis (Mulsant, 1850)

模式產地：中國（無具體地點）

同物異名：*Sospita chinensis* Mulsant, 1850

體型 L：5.7~7.1mm
W：4.0~4.8mm
食性

形態特徵

　　頭淺棕色至茶褐色，有時複眼內側的額部有黃白色，複眼黑色。體背栗褐色至紅棕色。前胸背板前側緣具近於四方形的白斑，中線為一窄的白條紋。兩鞘翅上共有 10 個白斑，每一鞘翅呈 1-1-2-1 排列。

生活習性

　　較為少見，多分布在海拔 1000公尺以上的山區。捕食松蚜、球蚜、松幹蚧等小型昆蟲。成蟲具趨光性。

 備　註

　　僅幾筆紀錄（Yu & Wang, 2001；虞國躍，2008；2010）。

分布

　　臺灣（桃園、新竹、南投、花蓮）；陝西、湖南、雲南、四川、江蘇、浙江、福建、廣東、香港、廣西、貴州、雲南、海南。

▲腹面。

　　本屬有 7 種，這 7 種裸瓢蟲翅面的斑紋個數與形態都不一樣。本種為鮮豔的橙褐色，鞘翅共有 10 枚白色大圓斑。前胸背板左右有白斑，中央僅有一條細窄的白線，翅縫不具白色縱帶，易與他種區分。主要分布於中、高海拔山區，曾在鎮西堡、惠蓀、武陵見過，夜晚會趨光於山莊的窗邊、牆角或地面。

▲各斑呈橢圓形，大小近似。

相似種比較

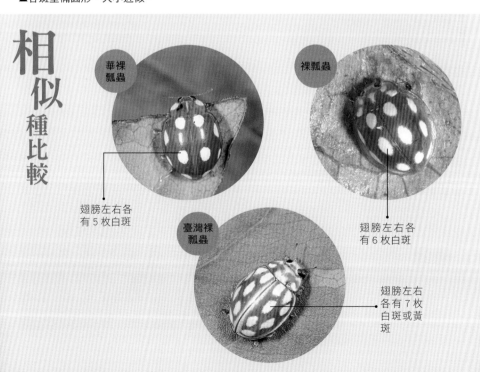

華裸瓢蟲

翅膀左右各有 5 枚白斑

裸瓢蟲

翅膀左右各有 6 枚白斑

臺灣裸瓢蟲

翅膀左右各有 7 枚白斑或黃斑

四條褐瓢蟲的白色條紋十分醒目。

四條褐瓢蟲

Calvia quadrivittata (Miyatake, 1965)

特有種	體型	L：5.0~6.1mm	食
		W：4.0~4.4mm	性

模式產地：臺灣（宜蘭）

同物異名：*Sospita quadrivittata* Miyatake, 1965

形態特徵

　　頭黃褐色。前胸背板深黃褐色，側緣、中線黃白色，前角具 2 個黃白色斑。鞘翅深紅棕色，每一鞘翅上具 4 條黃白色縱帶，鞘翅的前半部分及後半部分各有 2 條縱帶。

生活習性

　　在臺灣分布於中、高海拔地區，成蟲在燈光下常見，但雄蟲較少。

備　註

　　有不少紀錄（Miyatake, 1965；Yu & Wang, 1999b；2001；Sasaji, 1982；1988b；Yu & Wang, 1999b；虞國躍，2010）。

分布

　　臺灣（宜蘭、桃園、新竹、花蓮、臺中、南投）。

腹面。

　　四條褐瓢蟲以翅面的 4 條縱向條紋而命名，左右各有 2 條，上下斑相連或分離，鞘翅紅色搭配白色的條紋，十分醒目，尤其近翅縫上列的縱紋很像書法筆觸，坊間圖鑑又稱其為白條瓢蟲。主要分布於中、高海拔山區，具強烈趨光性，5~9 月出現，以 5 月和 9 月數量最多，夜晚在觀霧、鞍馬山、八仙山、惠蓀林場、阿里山等國家森林遊樂區的燈光下很容易看到牠們。

▲體色鮮豔，常出現於中、高海拔山區的燈光下。

▲翅面的白色縱紋相連或分離。

枝斑裸瓢蟲
Calvia hauseri (Mader, 1930)
模式產地：中國（四川）

體型 L：6.1~7.2mm 食性
W：4.9~5.9mm

形態特徵

體卵形，背面中度拱起。頭黃色或黃褐色。前胸背板淺棕色，中部及兩側具白紋。鞘翅褐色，具白色外緣，鞘縫的中部也呈白色，每一鞘翅上具 7 個白斑，肩角的斑較小，小盾斑及其下方的斑較大，長卵形，這 3 個斑獨立，其餘 4 個斑由白色細條紋相連，外緣的斑可與白色外緣相接或部分相接。

生活習性

捕食玉米、楓楊上的蚜蟲。

分布

臺灣（南投）：甘肅、陝西、河南、四川、雲南、貴州；錫金。

枝斑裸瓢蟲是 2001 年記錄於臺灣，僅有 1 頭標本，1947 年 5~6 月間採於南投埔里，目前未見其他標本或是攝於臺灣的圖片。此種瓢蟲數量較少，對於其生活習性並不清楚。成蟲具趨光性，有時在燈光下可見到成蟲。外形上與臺灣裸瓢蟲相近，但本種由細小的白條把鞘翅側後方的 4 個斑連接起來。

 備 註

僅 1 筆紀錄（Yu & Wang, 2001），在臺灣本種數量稀少。

44

每一鞘翅有 4 條黃色或淺黃色的縱紋，古禮烘攝。

細紋裸瓢蟲
Bothrocalvia albolineata (Gyllenhal, 1808)

| 體 | L：5.0~6.4mm | 食 | |
| 型 | W：3.9~5.0mm | 性 | |

模式產地：中國

同物異名：*Halyzia albolineata* (Gyllenhal, 1808)

形態特徵

背面基色為粟褐色。每一鞘翅有 4 條黃色或淺黃色的縱紋，近鞘縫 2 條分別在翅端的 1／4 處和翅基相連，第 3 條縱紋在肩角處和翅端呈眼斑狀，翅側緣 1 條有時在翅基與第 3 條相連。

生活習性

曾紀錄於新北市淡水的馬尾松上捕食大蚜。

分布

臺灣（臺北、新北市）；河南、四川、湖南、福建、廣東、廣西、香港、雲南；日本、印度。

備 註

僅 2 筆紀錄（Timberlake, 1943；Sasaji, 1982）；網路上有攝自臺北磺溪山的照片。

45

前胸背板的 4 枚白斑排列很漂亮。

四斑裸瓢蟲
Calvia muiri (Timberlake, 1943)

模式產地：日本；中國（四川）。

同物異名：*Eocaria muiri* Timberlake, 1943

體型　L：4.3~5.1mm　食性
　　　W：3.6~4.3mm

形態特徵

　　體短卵形。前胸背板黃褐色，基半部具 4 個白斑，有時中間 2 個斑在基部幾乎相連。鞘翅黃褐色，每一鞘翅具 6 個明顯的黃白色斑點，呈現 1-2-2-1 排列；鞘翅外緣奶白色，有時奶白色邊不明顯，在鞘翅肩角及翅端呈斑點狀，因而每一鞘翅上看起來共有 8 個斑，呈 2-2-2-1-1 排列。

生活習性

　　本種瓢蟲棲息於農田、竹林、樹林中，取食多種蚜蟲，如麥蚜、菜蚜和竹蚜等。成蟲具趨光性。

分布

　　臺灣（各地均有分布）；陝西至北京以南；日本、韓國、俄羅斯（薩哈林島）。

▲夜晚會趨光。

 備　註

　　有幾筆紀錄（Sasaji, 1982；1988a；1994；Yu, 1995；虞國躍，2010）。

　　四斑裸瓢蟲是少數以前胸背板星斑命名的瓢蟲，鞘翅左右各有 8 枚白斑，過去坊間稱這種瓢蟲為十四星裸瓢蟲，但依虞博士所鑑定的十四星裸瓢蟲 *Calvia quatuordecimguttata* 體背淡紫色、翅斑黑色，與本種的白色不同。本種普遍分布於低、中海拔山區，夜晚會趨光，在筆者的檔案裡除 1、3、6、12 月分外，其他月分都有拍過，數量算是多見。

　　形態上與臺灣裸瓢蟲相近，但後者體長而大，前胸背板兩側各有一個白色斑點，中部有一個不明顯的白斑。

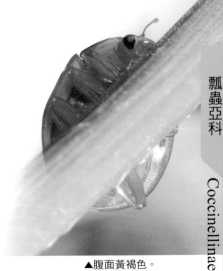

▲腹面黃褐色。

▲蛹黃色，各體節背方各有黑褐色斑點。

▲幼蟲。

相似種比較

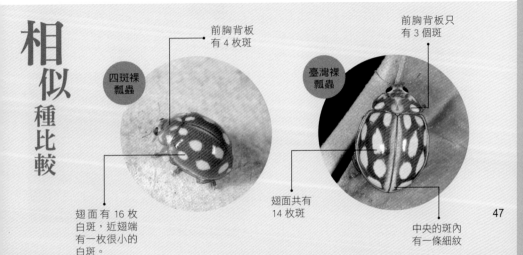

前胸背板
有 4 枚斑

四斑裸瓢蟲

前胸背板只
有 3 個斑

臺灣裸瓢蟲

翅面有 16 枚
白斑，近翅端
有一枚很小的
白斑。

翅面共有
14 枚斑

中央的斑內
有一條細紋

47

部分個體會攝食花蜜或花朵的汁液。

臺灣裸瓢蟲
Calvia shirozui (Miyatake, 1965)

模式產地：臺灣（嘉義、臺中、南投）

同物異名：*Eocaria shirozui* Miyatake, 1965
　　　　　Halyzia quindecimguttata var. *septenaria*: Miwa, 1931

| 特有種 | 體型 | L：5.1~7.0mm | 食性 | |
| | | W：4.2~5.5mm | | |

形態特徵

　　頭黃白色，或頭頂褐色。前胸背板紅褐色，具 2 個側斑及一個中斑，奶白色，有時中斑不明顯，兩前角奶白色，呈倒「V」字形。鞘翅紅褐色至黃褐色，鞘縫及側緣奶白色，每一鞘翅具 7 個奶白色斑點，呈 2-2-2-1 排列，有些個體斑點較大。

生活習性

　　已知成蟲和幼蟲可捕食葉甲的卵，如赤楊金花蟲的卵。成蟲具趨光性。

分布

　　臺灣（各地均有分布）。

> **備註**
>
> 　　僅有幾筆紀錄（Miyatake, 1965；Sasaji, 1982；1988a；Yu & Wang, 1999b）。

▲遇到騷擾會裝死，前腳關節會分泌臭液驅逐。

臺灣裸瓢蟲斑型近似的種不少，左右各有 7 枚黃斑，位置、個數與近似種皆不同，普遍分布於中、高海拔山區，在 7~11 月間，明池、鎮西堡、觀霧、梨山、合歡山、翠峰、南橫等地數量最多，夜晚會趨光。2 月分左右，有一筆攝於天祥的紀錄，曾在梨山見到群聚的幼蟲在赤楊金花蟲寄主的植物上捕食卵列。

▲幼蟲取食赤楊金花蟲的卵。

▲低齡幼蟲。

▲大齡幼蟲。

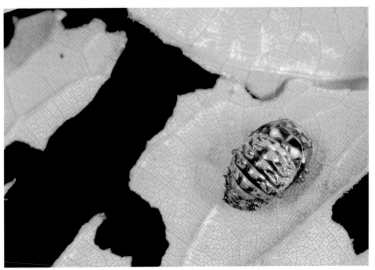

▲蛹附著於寄主植物附近。

瓢蟲亞科 Coccinellinae

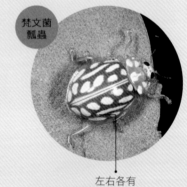

▲出現在相同環境，翅面只有 6 枚白斑，可能為一未知種。

◀正常斑型

相似種比較

臺灣裸瓢蟲

左右翅各有 7 枚斑

梵文菌瓢蟲

左右各有 11 枚斑

四斑裸瓢蟲

左右各有 8 枚斑

華裸瓢蟲

左右各有 5 枚斑

這種瓢蟲斑紋變化很大，記錄於臺灣的屬於十二黑斑型，每一鞘翅具6個黑斑，但合起來為10個斑，前胸背板上還有2個黑斑，虞國躍攝。

十四星裸瓢蟲

Calvia quatuordecimguttata (Linnaeus, 1758)

體型　L：4.8~5.8mm　食性
　　　W：3.8~4.5mm

模式產地：歐洲

同物異名：*Anisocalvia duodecimmaculata* (Gebler, 1832)

形態特徵

體短卵形，體背中度拱起。本種斑紋多變，臺灣只記錄十二黑斑型：體背淡紫紅色，前胸背板具2個大黑斑；鞘翅上共有11個黑斑，呈1½+2+1½+½，斑點可相連或消失，如第2排的2個斑點擴大相連，翅端斑與前方的縫斑相連。

生活習性

可捕食闊葉和針葉樹上多種蚜蟲、木蝨、葉蟬，有時也會捕食金花蟲幼蟲。

分布

臺灣（南投）：北京、黑龍江、吉林、甘肅、內蒙古、陝西、河北、山西、湖北、四川、雲南、西藏；日本、韓國、俄羅斯至歐洲、北美。

十四星裸瓢蟲在1978年記錄於臺灣的南投，隨後還有2次紀錄（1982和1994）。透過飼養發現牠與十四星型是同一個種。可捕食多種蚜蟲、木蝨、葉蟬等，也捕食金花蟲的幼蟲。

備　註

僅3筆紀錄（Miyatake, 1978a；Sasaji, 1982；1994）。

◀幼蟲，虞國躍攝。

51

日本麗瓢蟲體背鮮紅豔麗，鞘翅有 14 枚黑斑，大小近似。

日本麗瓢蟲

Callicaria superba (Mulsant, 1853)

模式產地：印度

同物異名：*Caria superba* Mulsant, 1853

| 體 | L：8.7~12.2mm | 食 |
| 型 | W：7.7~9.9mm | 性 |

形態特徵

　　體紅棕色，頭頂黑色。前胸背板具一對圓形黑斑，不與後緣相接。小盾片黑色。鞘翅上具 14 個黑斑，每一鞘翅上呈 1-3-3 排列，其中第 2 排外側的斑與翅緣相接或不相接。

生活習性

　　生活在桑、柑橘、芭樂、梨、桃等植物上，取食同翅目的木蝨（如桑木蝨）、蛾蠟蟬、蚜蟲、金花蟲等。成蟲具趨光性。

分布

　　臺灣（南投、花蓮、高雄）；陝西、甘肅、福建、四川、雲南、西藏；日本、不丹、印度。

　　日本麗瓢蟲體長可達 12.2mm，是最大的瓢蟲之一，但很不容易觀察到，2006 年 3 月間，因朋友的協助才讓筆者有機會一睹這隻瓢蟲的美麗丰采。日本麗瓢蟲形態十分亮麗，除了鮮紅的體色外，鞘翅上具大小相當的 14 枚黑斑，加上前胸背板的 2 枚黑斑，外型十分吸睛。該物種有人拍攝過，也有人把小十三星瓢蟲誤認為是日本麗瓢蟲，其實辨識重點相當簡單，只要仔細觀察前胸背板，本種前胸背板有 2 枚圓斑不相連，翅縫上無斑，而小十三星瓢蟲前胸背板的 2 斑黑斑相連呈「V」字形，近翅端於翅縫上有 1 枚黑斑左右相連。

▲卵，淡黃色，10枚聚集豎立於葉上，May 攝。

▲剛孵化的幼蟲，形態像螞蟻，May 攝。

▲爬到端部。

▲準備展翅起飛。

備 註

有幾筆紀錄（江瑞湖，1956；Sasaji，1982；1988a；Yu & Wang, 1999c）。

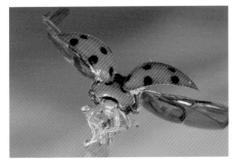

◀翅革質，後翅膜質，後翅較前翅長，停棲時會折疊收藏在前翅下。

相似種比較

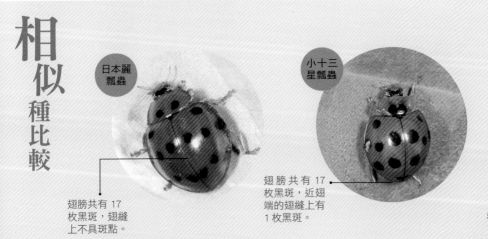

日本麗瓢蟲

翅膀共有 17 枚黑斑，翅縫上不具斑點。

小十三星瓢蟲

翅膀共有 17 枚黑斑，近翅端的翅縫上有 1 枚黑斑。

十斑奇瓢蟲翅膀有 10 枚黑斑。

十斑奇瓢蟲
Alloneda osawai Sasaji, 1986

模式產地：臺灣（南投）

體型　L：4.6mm　食性
　　　W：4.2mm

形態特徵

頭淺棕色。前胸背板淺棕色，側面 1 / 4 黃白色，基部具 4 個黑斑。鞘翅黃棕色，其上共有 10 個黑斑，每一鞘翅上的 6 個斑呈傾斜的 2-2-2（1½+2+1½）排列。

生活習性

生活於山地（海拔 300~1600 公尺）。

分布

臺灣（臺北、宜蘭、南投、臺東）；海南。

十斑奇瓢蟲也是相當稀少的瓢蟲，其因鞘翅剛好有 10 枚黑色斑而得名。蛹黃色，前胸胸背上有 4 枚黑斑，腹背 2 枚，剛羽化的個體翅膀無斑，之後顯現出 10 枚黑斑，其中 2 枚長在翅縫上左右相連。2004 年 11 月間筆者在三峽滿月圓森林遊樂區路邊的欄杆上發現，剛開始以為是金花蟲，細看後發現竟是稀有的瓢蟲，因此以不同的角度拍了 4 張照片，而筆者的朋友也曾於 4~5 月分別在宜蘭和烏來山區拍攝到。

 備 註

有 3 筆紀錄（Sasaji, 1986；1988a；虞國躍 , 2010）。

▲蛹，陳敬富攝。

▲剛羽化的個體，翅膀無斑，陳敬富攝。

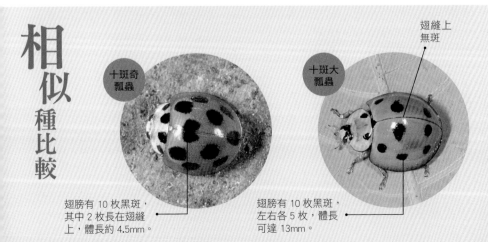

相似種比較

翅縫上無斑

十斑奇瓢蟲

十斑大瓢蟲

翅膀有 10 枚黑斑，其中 2 枚長在翅縫上，體長約 4.5mm。

翅膀有 10 枚黑斑，左右各 5 枚，體長可達 13mm。

鞘翅上的紅斑大且圓。

赤星瓢蟲 / 黃斑盤瓢蟲

Lemnia saucia (Mulsant, 1850)

模式產地：尼泊爾

體型 L：4.6~7.0mm
W：4.2~6.0mm
食性

同物異名：*Coelophora swinhoei* Crotch, 1874；*Coelophora mouhoti* Crotch, 1874；
Chilomenes takanonis Ohta, 1929；*Coelophora ishidai* Ohta, 1931。

形態特徵

體幾乎圓形。頭部雄性白色，雌性黑色。前胸背板黑色，兩側具白色大斑，達背板的後緣。鞘翅黑色，近中央具一個近橢圓形（橫向）或圓形斑，橙紅色或黃色，此斑可擴大，橫徑可達鞘翅寬的 3／4。

生活習性

棲息在多種植物上，以取食各種植物（蔬菜、水稻、小麥、柑橘、竹子、甘蔗、芭樂等）上的蚜蟲、蚧蟲、木蝨和飛蝨等。

分布

臺灣（各地均有分布）；中國大陸在山東到甘肅一帶以南；日本、越南、尼泊爾、泰國、菲律賓、印度。

 備 註

紀錄很多（Crotch, 1874；Weise, 1923；Ohta, 1929b；1931；Miwa, 1931；Sasaji, 1982；1988a；1991；1994；姚善錦等，1972；Yu & Wang, 1999c 等）。

赤星瓢蟲是家喻戶曉的可愛小瓢蟲，數量相當龐大，其翅背有 2 枚紅色星斑，在公園、學校、庭院可見，由於喜歡攝食蚜蟲，因此是農夫的好幫手。與赤星瓢蟲斑紋近似的種類不少，然而並不是只要翅膀有 2 枚紅斑的都是赤星瓢蟲，分辨的主要重點為從前胸背板的白斑形狀和鞘翅紅斑的位置等特徵著手，本種前胸背板白斑大，達背板的基部，而錨紋瓢蟲遠不及基部。

▲卵呈橢圓形。

▲幼蟲，體型較寬廣的個體。

▲幼蟲體狹長，胸部背節間有縱向的黃或橙斑，腹背黑色，第 4 和第 7 節有橫斑。

▲剛羽化翅面橙色無斑。

▼前蛹期還可以看到腳。

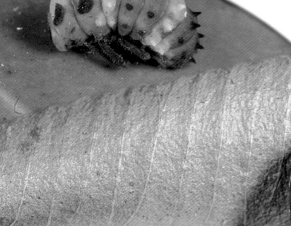

▶經過 3 小時出現紅斑，再過 3 小時紅斑鮮豔。

57

▲蛹體寬而短，胸背斑點4枚。

▲鞘翅轉為黑色。

▲交尾，雄蟲體型較雌蟲小。

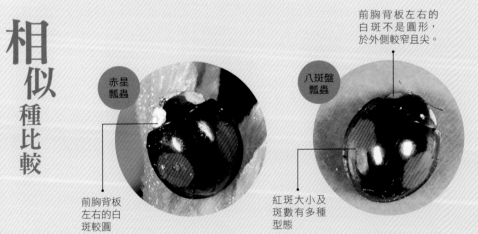

雄蟲

雌蟲

▲雌、雄可從前額分辨，雄蟲額白色，雌蟲額黑色。

相似種比較

赤星瓢蟲

前胸背板左右的白斑較圓

八斑盤瓢蟲

前胸背板左右的白斑不是圓形，於外側較窄且尖。

紅斑大小及斑數有多種型態

錨紋瓢蟲翅膀上有一個像船錨的圖案。

錨紋瓢蟲 ／ 雙帶盤瓢蟲

Lemnia biplagiata (Swartz, 1808)

模式產地：中國（無具體地點）

同物異名：*Coelophora biplagiata* (Swartz, 1808)
Coelophora melanota (Mulsant, 1850)
Lemnia loi Sasaji, 1982

體型｜L：5.0~6.9mm
　　｜W：4.6~5.9mm

食性

形態特徵

體近於圓形。頭黑色，雄性額部白色，雌性黑色。前胸背板黑色，前角具一大白斑，可達側緣的 3 ／ 5。鞘翅色斑多變，常見變化有：

①錨紋型：鞘縫黑色，外緣除翅端外黑色，在鞘翅端部 1 ／ 4 處具一黑色的橫帶，在肩角處具一個黑色的圓斑。

②雙帶型：鞘翅黑色，翅中有一個大紅斑，常呈橫向帶狀，翅端黑色或還有一個紅斑。

③無斑型：鞘翅紅或紅黃色，無任何黑斑。

生活習性

棲息於多種植物上，捕食多種蚜蟲，包括甘蔗綿蚜、樸綿蚜、柳蚜、棉蚜、橘二叉蚜、麥二叉蚜、蘿蔔蚜、桃蚜、麥長管蚜、木蝨、葉蟬、飛蝨、粉蚧等。

分布

臺灣（各地均有分布）；中國大陸河南以南；日本、韓國、越南、緬甸、尼泊爾、泰國、菲律賓、印尼、印度。

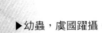
▶幼蟲，虞國躍攝。

▲錨紋瓢蟲雌蟲，上唇及前額黑色，複眼內側各有1枚不明顯的黃褐色斑點。

▲不同斑型的錨紋瓢蟲交尾，雄蟲前額白色。

▲正在捕食某種木蝨的錨紋瓢蟲。

備 註

　紀錄很多（Weise, 1923；Miwa, 1931；Timberlake, 1943；Bielawski, 1962；Miyatake, 1965；Sasaji, 1982；1986；1988a；1991；1994；Yu, 1995；姚善錦等, 1972 等）。

61

▲瓢蟲聚集在黃槿葉上取食葉肋基部的蜜腺，當食物缺乏時，捕食性的瓢蟲也會取食蜜汁。（圖為錨紋瓢蟲和六條瓢蟲取食花外蜜）

▲常見螞蟻驅趕錨紋瓢蟲的有趣畫面，螞蟻總是在瓢蟲前後吆喝阻擋瓢蟲往前，甚至錨紋瓢蟲到野桐葉基取食蜜腺都被驅趕。

變異個體

(錨紋型)

▲正常斑型，錨紋較窄，第一列斑左右分離。

▲錨紋較寬，第一列斑左右相連。

▶取食蚜蟲。

雙帶型

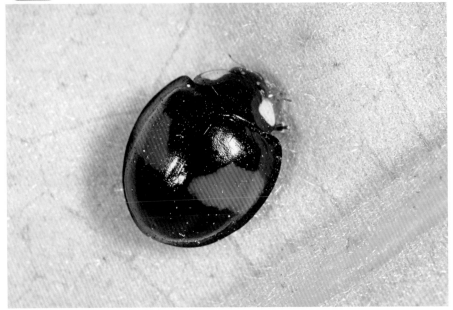

▲黑化型，不具錨紋只有一列橫斑（稀少）。

無斑型

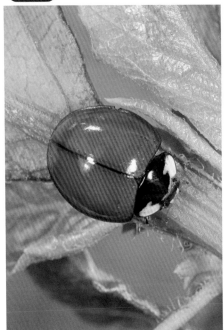

▲錨紋斑不明顯的個體。

▲翅面無斑的個體（稀少）。　　　　　▲錨紋消失，僅於翅端有黑色橫斑。

相似種比較

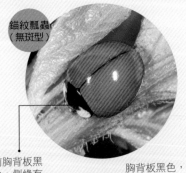

錨紋瓢蟲（無斑型）

前胸背板黑色，側緣有白斑。

橙瓢蟲

前胸背板橙黃色

前胸背板黑色，前緣具較寬白邊且末端達後緣端。

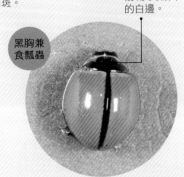

黑胸兼食瓢蟲

胸背板黑色，前緣具細窄的白邊。

龜紋瓢蟲

═══ **雙帶型** ═══

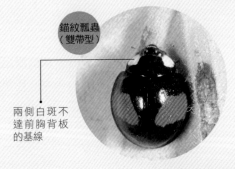

錨紋瓢蟲（雙帶型）

兩側白斑不達前胸背板的基線

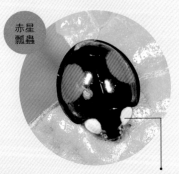

赤星瓢蟲

兩側白斑大，達前胸背板的基緣。

楔斑溜瓢蟲

黑色型，前胸背板側緣鑲白帶，陳敬富攝。

瓢蟲亞科

Coccinellinae

65

備註

有不少紀錄（Weise, 1923；Miwa, 1931；Sasaji, 1982；1988a；1994；Yu, 1995；Yu & Wang, 1999c；虞國躍, 2010）。學名 "circumsta" 是一個拼寫錯誤。

前胸背板紅色，後緣有 1 條細窄的黑色橫紋。

紅紋瓢蟲／紅基盤瓢蟲

Lemnia circumusta (Mulsant, 1850)

模式產地：香港

體型 L：4.6~6.3mm
W：4.4~5.8mm
食性

同物異名：*Artemis circumusta* Mulsant, 1850；*Coelophora mandarina* Mulsant, 1850。

形態特徵

體近圓形，半球形拱起。頭黃褐色。前胸背板紅褐色，基部常具黑褐色條紋，前角外緣稍內凹。小盾片黑色。鞘翅斑紋多變，常為紅斑型：鞘翅黑色，基部具一個斜生的紅色斑，斑可大可小，常與翅基相連。由紅斑型可變為：鞘翅無黑色部分的褐色型；鞘翅僅外緣黑色的周緣型；鞘翅的外緣及鞘縫黑色的黑縫型；鞘翅全為黑色的黑色型。

生活習性

棲息在農田、果園等，捕食蚜蟲（豆蚜、麥蚜等）、柑橘木蝨、粉蚧等。成蟲具趨光性。

分布

臺灣（各地均有分布）；福建、廣東、香港、廣西、海南、雲南；尼泊爾、泰國、印度。

▲寬大的葉片提供瓢蟲遮風避雨及度冬的場所

紅紋瓢蟲身體較其他瓢蟲圓，頭部和前胸背板紅色，翅膀黑色，翅肩有 2 條寬長的斜向紅帶。本種普遍分布於低海拔山區，在筆者的檔案裡除了 6~8 月沒有照片外，其他全年可見。曾見數量很多的紅紋瓢蟲棲息於香蕉樹上，寬大的葉片像似一把大雨傘提供瓢蟲遮風避雨及度冬的場所。

本種中後足脛節端無距刺，前胸背板前側角內凹等特徵可與相近種作區分。

▶幼蟲，虞國躍攝。

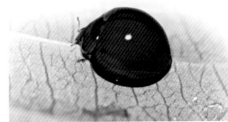

▲翅面無斑的個體，陳榮章攝。

▲遇到驚嚇時展翅，後翅很長，停棲後會折疊收藏在鞘翅下。

▲紅紋瓢蟲和舉尾蟻一起取食野桐蜜腺。

相似種比較

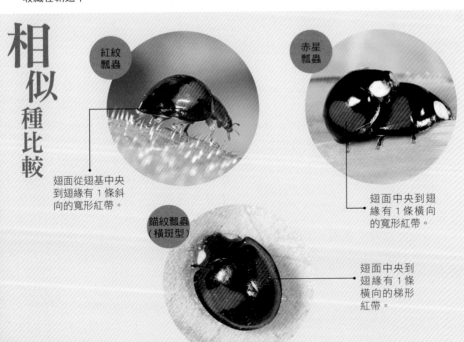

紅紋瓢蟲

翅面從翅基中央到翅緣有 1 條斜向的寬形紅帶。

赤星瓢蟲

翅面中央到翅緣有 1 條橫向的寬形紅帶。

錨紋瓢蟲（橫斑型）

翅面中央到翅緣有 1 條橫向的梯形紅帶。

◀雌性頭黑色，前
胸背板黑色。

◀鞘翅黃褐色
（左雌右雄）。

周緣盤瓢蟲

Lemnia circumvelata Mulsant, 1850

模式產地：尼泊爾

同物異名：*Coelophora circumvelata* (Mulsant, 1850)

體型 │ L：5.1~6.5mm
│ W：4.5~6.2mm
食性

形態特徵

體近於半球形。雄性體背黃褐色；雌性頭黑色。前胸背板黑色，前緣及側緣褐色，窄，但不達後緣；前角外緣明顯內凹。鞘翅黃褐色，外緣黑色，翅基除外緣外仍為黃褐色。

生活習性

棲息於森林中，可能捕食蚜蟲。

分布

臺灣（南投、臺南）；陝西、甘肅、河南、浙江、湖南、廣東、四川、貴州；尼泊爾。

周緣盤瓢蟲在 1999 年記錄於臺灣，是基於美國史密森博物館館藏的一頭雌性標本；後來又發現 1934 年採於南投埔里的一頭雌性標本；網路上有一張攝於高雄柴山沿海地帶的雄成蟲。周緣盤瓢蟲雌、雄成蟲的色斑不同，很容易辨識，雄蟲整體呈淡紅色，而雌蟲的前胸及鞘翅外緣黑色。牠通常於草叢和樹葉上活動，捕食其中的蚜蟲等小昆蟲。本種雄性與紅紋瓢蟲褐色型相近，但後者中後足脛節端無距刺。

 備 註

僅 1 筆（Yu & Wang, 1999c）。

両鞘翅上共有 9 個黑斑，虞國躍攝。

九斑盤瓢蟲

Lemnia duvauceli (Mulsant, 1850)

模式產地：亞洲（無具體國家）

同物異名：*Caria duvauceli* Mulsant, 1850

體型　L：8.0~8.4mm　食性
　　　W：7.5~7.9mm

形態特徵

寬卵形。頭棕褐色或黃褐色。前胸背板棕褐色，具一對近四邊形的黑斑；前角外緣稍內凹。鞘翅紅棕色，兩鞘翅上共有 9 個黑斑，呈 1½+2+1 排列，其中鞘翅外緣的斑紋與外緣相連。

生活習性

多發現於竹林中捕食蚜蟲。

分布

臺灣（臺北）；福建、香港、廣西、雲南；越南、緬甸、印尼、印度。

虞國躍（2010）列出臺灣有分布，基於一個 1925 年 4 月採於臺北的標本。

九斑盤瓢蟲於 2010 年記錄於臺灣，是依據 1925 年 4 月採於臺北的一頭標本；目前還未見到網路上有其他圖片或標本。九斑盤瓢蟲多在竹林裡活動，捕食竹葉上的蚜蟲；食量很大，竹葉上的蚜群常成片被食。

▲鞘翅外緣的斑紋與外緣相連。

瓢蟲亞科 Coccinellinae

69

前胸背板黑色，兩側各有一個淡黃色斑，陳敬富攝。

黃緣盤瓢蟲
Coelophora flavomarginata Sasaji, 1982
模式產地：臺灣（南投）

體 L：3.2~3.7mm 食
型 W：2.8~3.3mm 性

形態特徵

體近於圓形，稍長於寬，半球形拱起。頭棕色。前胸背板黑色，兩側具一個大的橙色斑。鞘翅黑色，具 3 對橙色的圓斑和橙色的外緣。

生活習性

分布於中海拔山區（1000~2200公尺）。

分布

臺灣（南投、高雄、屏東）。

備　註

有 3 筆紀錄（Sasaji, 1982；1988a；1994）。

黃緣盤瓢蟲分布於中海拔山區（1000~2200 公尺），數量稀少，目前對於牠的生活習性幾無所知，網路上也未見有關牠的生態照片。形態與六星瓢蟲相近，但本種鞘翅具橙色的外緣，鞘翅側斑的位置偏於中間，而六星瓢蟲側斑稍位於前斑之後。

▲鞘翅具 3 對橙色的圓斑和橙色的外緣，陳榮章攝。

合翅時左右各有 4 枚黑斑，加上翅端接合處的 1 枚，總計 9 枚，而得九星瓢蟲之名。

九星瓢蟲 / 變斑盤瓢蟲

Coelophora inaequalis (Fabricius, 1775)

模式產地：澳大利亞

體型 | L：4.1~6.0mm　食性
W：3.6~5.2mm

同物異名：*Coelophora novenmaculata* (Fabricius, 1781)
Coelophora vidua Mulsant, 1850

形態特徵

體近於圓形，斑紋多變：

①九星型：前胸背板具 2 個黑斑，或與後緣相連，有時具 4 個黑斑，常在基部相連；小盾片黑色；鞘翅共有 9 個圓形黑斑。

②連斑型：前胸背板黑斑擴大，基部相連；鞘縫黑色，9 個斑有相連的趨勢。

③六斑型：前胸背板大部分黑色，側緣黃褐色或白色；鞘翅黑色，每一鞘翅具 3 個紅斑，呈 1-2 排列；有時 3 個斑紋可擴大，或相連。

④黑色型：鞘翅全黑，無斑紋。

生活習性

分布於低海拔地區，捕食多種蚜蟲，有時也會捕食粉蝨。

分布

臺灣（蘭嶼、屏東、高雄、花蓮、新北市）；印度、斯里蘭卡、泰國、菲律賓至澳洲，引入夏威夷、美國，並擴散到加勒比海地區。

 備註

有幾筆紀錄（Chûjô, 1940；Sasaji, 1982；1994；虞國躍, 2010）。

71

　　九星瓢蟲在中國大陸稱為變斑瓢蟲，有多種完全不一樣的斑型，其中多斑型為 9 枚黑斑，很多人不知道九星瓢蟲還有多種變異個體。據筆者的觀察記錄，九斑型主要分布在蘭嶼、花蓮、臺東、墾丁；六紅斑型在蘭嶼也很多；連斑型在屏東、花蓮；無斑型在新北市。由以上紀錄可知該種瓢蟲數量很多，普遍分布於臺灣各低海拔山區，但斑紋變異很大。雖然命名為九星瓢蟲，但多數個體並不是九星，辨識要領可從前胸背板前角外緣圓弧形，並不內凹、前緣的魚鉤狀斑紋和近基部的 2 枚黑斑作為參考。

▲花蓮出產的個體。

▲幼蟲，虞國躍攝。

變異個體

九星型

72

▲翅膀有 9 枚黑斑，前胸背板有 2 枚稍長形黑斑。

連斑型

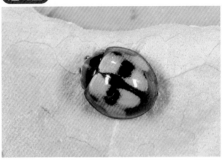 

▲翅面的斑相連，翅縫有一條黑色縱帶，前胸　▲翅面淡黃色，各斑相連或分離。
　背板也有 2 枚長形的黑斑。

六斑型

▲體背黑色，翅膀有 6 枚紅斑，前胸背板前緣具弧狀線紋。

無斑型

◀通體黑色，前胸背板前緣
　斑紋特徵同六斑型。

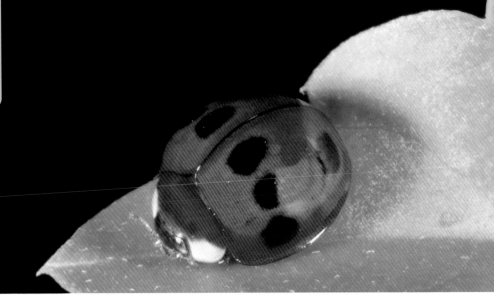

前胸背板側緣的白斑近四方形，末端尖為本種的重要特徵。

八斑盤瓢蟲

Coelophora bowringii Crotch, 1874

模式產地：緬甸

同物異名：*Coelophora tanoi* Sasaji, 1982

 體型 L：4.5~5.8mm　W：4.0~4.8mm　食性

形態特徵

　　體近於圓形，半球形拱起。體背基色紅褐色或黑色，雄性額部白色，雌性額部同基色，或具一對淺色的小額斑。

　　鞘翅斑紋多變，有下列幾種：

　　①八黑斑型：紅褐色鞘翅上具 4 對黑斑，呈 3+1 排列，黑斑外常具黃色圈；有時前排的中斑會消失，甚至所有黑斑都消失。

　　②八紅斑型：黑色鞘翅具 4 對紅色斑，呈 1-2-1 排列；4 個斑會消失，從而成六斑型、四斑型、二斑型，或無斑的黑色型。

生活習性

　　分布於低海拔地區。主要捕食蚜蟲；冬季可在兩葉片縫中越冬。

分布

　　臺灣（臺北、宜蘭、苗栗、南投、高雄、屏東）；香港、廣東、海南；緬甸、印度。

 備註

　　數量較多，紀錄較少（Sasaji, 1982；虞國躍, 2010）。

八斑盤瓢蟲跟九星瓢蟲一樣，斑型變異很大，只有一型有 8 斑，其他有 6 斑、4 斑、2 斑和無斑等形態。斑型容易與九星瓢蟲、黃寶盤瓢蟲、赤星瓢蟲混淆，辨識的重點除了翅斑大小及位置外，前胸背板前角具一個近四方形的大白斑，外角前緣較平直，與中部的外緣比稍微凹入，以上特徵可與近緣種作區分。本種主要分布於低海拔山區，在土城山區這 5 種斑型都有，通常出現於 12 月到隔年的 5 月，可見不同個體的族群有穩定的地緣關係。

▲冬季食物短缺時也會刮食香蕉葉肉。

▲腹面。

變異個體

▲6 斑紅色型。

▲上下斑相連，陳榮章。

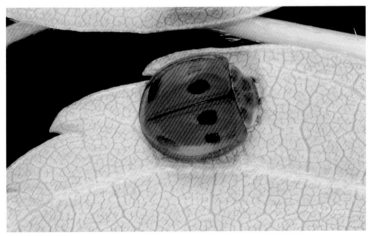

▲8 斑黑色型。

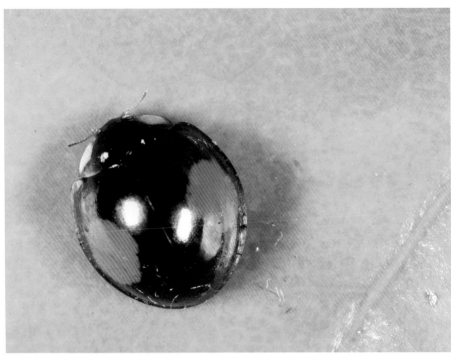

▲2 斑紅色型（紅斑較大）。

▲2 斑紅色型（紅斑較小）。

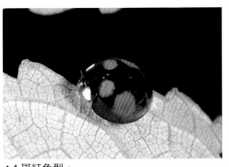

▲4 斑紅色型。　　　　　　　　　▲無斑型。

相似種比較

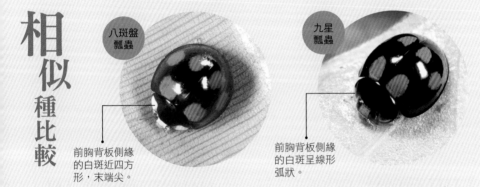

八斑盤瓢蟲

前胸背板側緣的白斑近四方形，末端尖。

九星瓢蟲

前胸背板側緣的白斑呈線形弧狀。

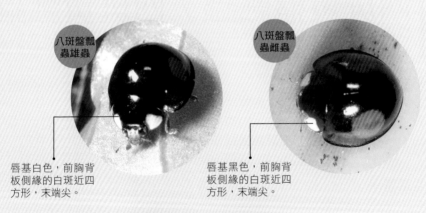

八斑盤瓢蟲雄蟲

唇基白色，前胸背板側緣的白斑近四方形，末端尖。

八斑盤瓢蟲雌蟲

唇基黑色，前胸背板側緣的白斑近四方形，末端尖。

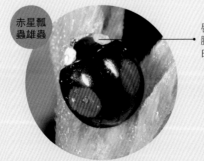

赤星瓢蟲雄蟲

唇基白色，前胸背板側緣的白斑圓形。

77

翅膀黃色，前胸背板有 4 枚黑色斑。

四斑黃盤瓢蟲 / 四斑黃瓢蟲

Coelophora itoi Sasaji, 1982

模式產地：臺灣（南投）

特有種 | 體型 L：4.9mm W：4.3mm | 食性

形態特徵

體近圓形。頭黃白色。前胸背板黃白色，近基部具 4 個黑斑。鞘翅黃色，無斑，有時在翅基近肩角處具一不明顯的小黑點。

生活習性

分布於海拔較低地區。

分布

臺灣（臺北、南投）。

 備 註

僅個別紀錄（Sasaji, 1982；盧國躍，2010）。

四斑黃盤瓢蟲是一隻十分神祕的小瓢蟲，2004 年 10 月筆者在三峽滿月圓森林遊樂區橋上的欄杆上發現，同年 11 月又在土城山區看到，之後的幾年就再也沒見過牠的蹤影。每次看到黃瓢蟲時都要詳細觀察其前胸背板是否具有 4 枚黑斑，因為黃瓢蟲的前胸背板有 2 枚黑斑，若加上頭部的兩顆複眼，一時不察還真會以為是四斑黃瓢蟲，不過只要掌握身體黃色和前胸背板上具 4 個黑斑的特徵，應可輕易與臺灣其他瓢蟲作區分。該種瓢蟲通常分布在低海拔山區，宜蘭、南投也有紀錄，但數量稀少。

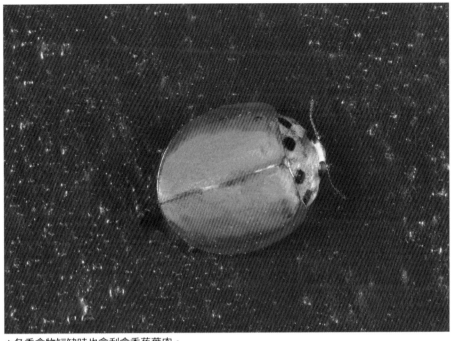

▲冬季食物短缺時也會刮食香蕉葉肉。

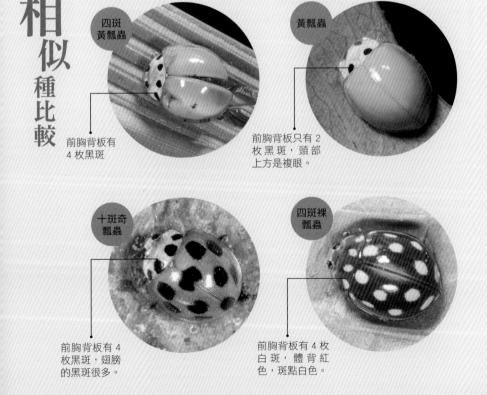

相似
種比較

四斑
黃瓢蟲

黃瓢蟲

前胸背板有
4 枚黑斑

前胸背板只有 2
枚 黑 斑，頭部
上方是複眼。

十斑奇
瓢蟲

四斑裸
瓢蟲

前胸背板有 4
枚黑斑，翅膀
的黑斑很多。

前胸背板有 4 枚
白斑，體背紅
色，斑點白色。

79

雄性頭黃白色或白色，雌性黑色或紅褐色（左雌右雄），虞國躍攝。

紅星盤瓢蟲

Phrynocaria unicolor (Fabricius, 1792)

模式產地：印度

同物異名：*Phrynocaria congener* (Billberg, 1808)
Chilomenes teretus Ohta, 1929
Coelophora teretus (Ohta, 1929)

體型 | L：3.2~4.7mm 食
| W：3.0~4.1mm 性

形態特徵

　　體近於圓形，半球形拱起，背面黑色。雄性頭黃白色或白色，雌性黑色或紅褐色。雄性前胸背板兩側具大白斑或黃色斑，有時前緣淺色，雌性僅側緣的前半部分及前緣淺色。鞘翅中部稍前有一個大紅斑，或鞘翅全為黑色，無斑。

 備註

　　有幾筆紀錄（Ohta, 1929b；Korschefsky, 1933；Sasaji, 1982；Yu & Wang, 1999c）。

生活習性

　　可棲息於多種生態環境，捕食多種蚜蟲（如紫薇長斑蚜）、木蝨，甚至鱗翅目的小幼蟲。

分布

　　臺灣（臺北、臺中、南投、臺南、屏東）：四川、福建、廣東、香港、廣西、海南、雲南；日本、越南、印度。

　　紅星盤瓢蟲生活於低海拔地區的多種生態環境和植物上，筆者曾在臺中霧峰的紫薇上發現其捕食紫薇長斑蚜，因此利用紫薇長斑蚜飼養或許可觀察到完整生活史。據文獻記載，寄主還包括多種木蝨、飛蝨等，網路上可見到牠的幼蟲捕食鱗翅目小幼蟲。本種斑紋變異多，有許多異名，且雌雄明顯不同，但目前在臺灣發現的斑紋型不多，其主要辨識特徵為複眼大，兩眼的間距窄，與眼的寬度相近。

▲幼蟲，虞國躍攝。

▲翅鞘黃色，四眼型，雄，古禮烘攝。

▲翅鞘黃色，四眼型，雌，許佳玲攝。

▲鞘翅全為黑色，無斑，陳榮章攝。

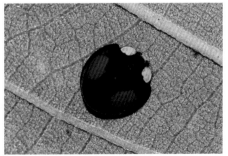

▲翅鞘黑色，紅斑型，陳榮章攝。

鞘翅外緣黃色，鞘翅中部具一縱向的長卵形黃斑。

黃星盤瓢蟲
Phrynocaria shirozui (Sasaji, 1982)

模式產地：臺灣（南投）

同物異名：*Propylea shirozui* Sasaji, 1982

特有種　體型　L：3.3~4.1mm　食性
　　　　　　　W：2.5~3.4mm

形態特徵

體卵形。頭雄性黃褐色，雌性黑色。前胸背板黃白色，中基部具一大黑斑，不達前緣。鞘翅黑色，鞘翅外緣黃色，鞘翅中部具一縱向的長卵形黃斑。

生活習性

發現於海拔 1700~2000 公尺左右的山地。

分布

臺灣（宜蘭、南投、花蓮、高雄）。

 備註

有 3 筆紀錄（Sasaji, 1982；1988a；盧國躍，2010）。

黃星盤瓢蟲的翅背呈黑色，上頭有 2 枚長條狀黃斑，翅緣黃色。本屬共有 3 種，本書介紹 2 種，另一種為紅星盤瓢蟲，其鞘翅的星斑、顏色與黃星盤瓢蟲完全不同，但前胸背板左右各有 1 枚形狀近似的白色圓斑，這或許是分類於同屬的依據。

2008 年 7 月筆者在碧綠的燈下發現一隻十分漂亮的瓢蟲，翅膀上的斑型與平常所見不同，從上面看好像 1 粒具黃色果仁的黑桃，初見的驚喜難以言喻，隨後將其置於葉面上拍攝，只見牠六隻腳縮在腹下呈現裝死的模樣。之後在網路上有人於太平山拍到，可見這隻瓢蟲分布海拔很高，且十分稀少。

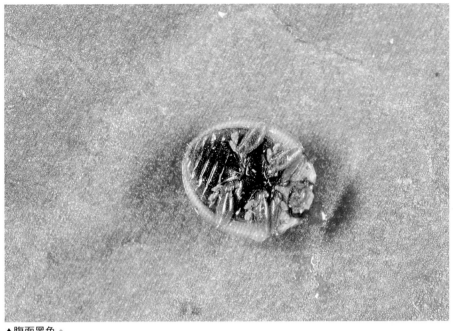

▲腹面黑色。

相似種比較

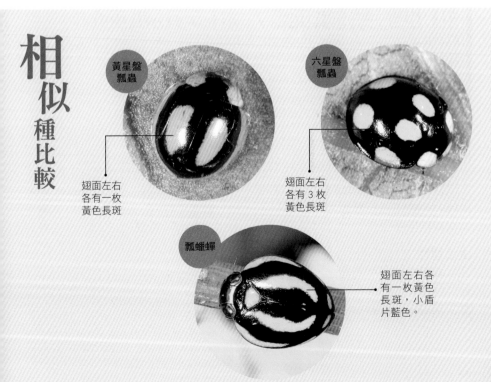

黃星盤瓢蟲

翅面左右各有一枚黃色長斑

六星盤瓢蟲

翅面左右各有 3 枚黃色長斑

瓢蠟蟬

翅面左右各有一枚黃色長斑，小盾片藍色。

83

前胸背板紅色或橙紅色，又稱紅頸瓢蟲。

紅胸黑瓢蟲 / 紅頸瓢蟲

Synona consanguinea Poorani, Ślipiński et Booth, 2008

體型 L：6.2~7.3mm
W：5.3~6.6mm

食性

模式產地：臺灣（南投、屏東）；中國（廣東）；泰國、越南、緬甸。

同物異名：*Lemnia melanaria* (Mulsant, 1850)
Synia melanaria (Mulsant, 1850)
Synia rougeti (Mulsant, 1866)

形態特徵

體近圓形，背面半球形拱起。頭紅至橘紅色。前胸背板橘紅色。鞘翅黑色，除鞘翅緣折黑色外，腹面及足完全黃褐色。

生活習性

食性特殊，成蟲和幼蟲捕食圓龜蠟、碩蠟、角蟬等昆蟲，也能捕食蚜蟲、木蝨和介殼蟲。

分布

臺灣（各地均有分布）；陝西、甘肅、河南、湖北、四川、福建、廣東、廣西、海南、貴州、雲南、西藏；越南、緬甸、泰國。

紀錄不少（Weise, 1923；Miwa, 1931；Bielawski, 1964；Sasaji, 1982；1988a；1994；Yu, 1995；Yu & Wang, 1999c；Poorani, Ślipiński & Booth, 2008）。與紅基盤瓢蟲黑色型相似，但本種唇基前緣明顯弧形內凹、前胸背板前角外側無輕微內凹可作為區分。

　　紅胸黑瓢蟲又稱紅頸瓢蟲，黑色的鞘翅像是一頂圓形的鋼盔，閃爍著油亮的光澤，橘紅色的前胸背板搭配黑色的鞘翅更顯出牠的特別。2005 年 10 月筆者首次在墾丁至鵝鑾鼻的路邊看到牠的身影，當時牠躲藏在枝葉間，由於生性敏感，因此拍了 2 張後牠就不見了；2006 年 5 月筆者又在三峽和土城山區再度看到牠的蹤跡，彷彿遇到老朋友般令人感到格外驚喜。本種數量不多，網路上有人拍過，北部以 5 月出現機率最高，南部 10 月還可以看到。

　　牠的形態與紅紋瓢蟲黑色型相似，但本種唇基前緣明顯弧形內凹、前胸背板前角外側無輕微內凹，可以此作區分。

紅胸黑瓢蟲食性特殊，會捕食圓龜蝽、碩蝽、角蟬，也能捕捉木蝨、蚜蟲、介殼蟲等小昆蟲為食。

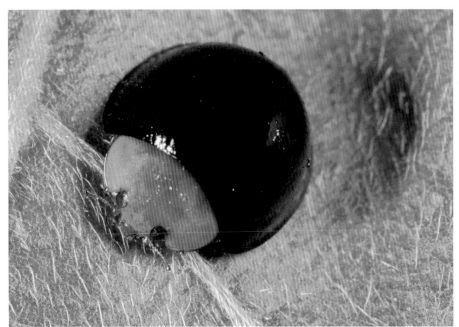

▲烏溜溜的大眼睛很可愛。

◀紅胸黑瓢蟲腹面橙紅色。

相似
種比較

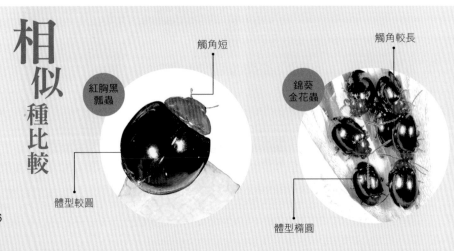

觸角短

紅胸黑
瓢蟲

觸角較長

錦葵
金花蟲

體型較圓

體型橢圓

鞘翅淡黃色至黃色，每一鞘翅上具 2 個黑斑。

黃緣巧瓢蟲

Oenopia sauzeti Mulsant, 1866

模式產地：印度

| 體 | L：3.5~4.2mm | 食 | |
| 型 | W：3.1~3.2mm | 性 | |

形態特徵

體卵形。雄性頭淡黃色或白色，頭頂黑色，雌黑色。前胸背板黑色，兩側具淡黃色或白色大斑。鞘翅淡黃色至黃色，鞘縫黑色，黑色的鞘縫在翅中稍後及翅端前明顯擴大，每一鞘翅上具 2 個黑斑，分別位於鞘翅的 1 / 3 和中部稍後處，近於四邊形，有時鞘翅側緣黑色，較窄。

生活習性

生活在農田、果樹和林木上，捕食多種蚜蟲，一年可發生多代。

分布

臺灣（南投）：中國大陸陝西和河南以南；越南、緬甸、不丹、尼泊爾、泰國、巴基斯坦、印度。

黃緣巧瓢蟲生活在農田、林果上，捕食多種蚜蟲，也可在庭院內的月季上捕食蚜蟲；一年可發生 4~5 代。臺灣的數量較少，網路上僅有個別圖片記錄。從色斑上易與臺灣的其他瓢蟲區別。

 備 註

僅有 1 筆紀錄（Sasaji, 1982），網路上有個別紀錄。

▲幼蟲，虞國躍攝。

87

翅面黑色，有 3 枚淡黃色的橢圓形斑，近翅緣鑲淡黃色縱紋或各斑分離。

梯斑巧瓢蟲
Oenopia scalaris (Timberlake, 1943)

模式產地：臺灣（臺北）；日本

同物異名：*Protocaria scalaris* Timberlake, 1943

體型	L：3.3~3.9mm	食性
	W：2.2~2.9mm	

形態特徵

　　體卵形。頭黃或黃褐色，頭頂黑色。前胸背板淺黃色，具一個大基斑，端部分為兩葉，端部不達前緣或伸達前緣。鞘翅黑色，每一鞘翅近鞘縫具 3 個黃色或淡黃色斑，鞘翅外緣亦為淺色。

生活習性

　　發生於低、中海拔山區。多生活在松樹上，捕食蚜蟲。

分布

　　臺灣（臺北、花蓮）；寧夏、內蒙古、北京、河北、山東、山西、福建、廣東、廣西；日本、韓國半島、越南、密克羅尼西亞。

　　梯斑巧瓢蟲體型較狹長，翅緣黃色，翅面黑色上有 3 枚呈縱向梯狀的黃色星斑排列，為名稱的由來。其主要棲地在天祥至霧社一帶，多生活於松樹上，捕食蚜蟲為生，為稀少的種類。

　　本屬為巧瓢蟲屬，共有 6 種瓢蟲，而同屬近似的有六星瓢蟲及黃緣巧瓢蟲。六星瓢蟲又稱臺灣巧瓢蟲，翅膀有 6 枚黃色橢圓形斑，翅緣黑色；另一種黃緣巧瓢蟲翅緣黃色，依據以上差異可作區分。

 備 註

　　有 2 筆紀錄（Timberlake, 1943；Sasaji, 1982）。

梯斑巧瓢蟲又稱梯斑瓢蟲，農試所昆蟲標本館數位典藏有一筆紀錄，1981 年採集於霧社，除此在臺灣網路上看不到其他照片，本圖物種為 May 提供給筆者拍攝，地點為花蓮天祥山區，當時只拍了 2 張照片，為稀少的種類。

相似種比較

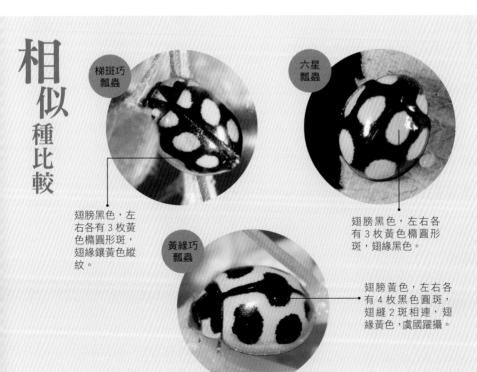

梯斑巧瓢蟲

翅膀黑色，左右各有 3 枚黃色橢圓形斑，翅緣鑲黃色縱紋。

六星瓢蟲

翅膀黑色，左右各有 3 枚黃色橢圓形斑，翅緣黑色。

黃緣巧瓢蟲

翅膀黃色，左右各有 4 枚黑色圓斑，翅縫 2 斑相連，翅緣黃色，虞國躍攝。

鞘翅黑色具光澤，左右各有 3 枚黃斑。

六星瓢蟲／臺灣巧瓢蟲

Oenopia formosana (Miyatake, 1965)

模式產地：臺灣（臺北、南投等）

同物異名：*Gyrocaria formosana* Miyatake, 1965
Coelophora chinensis nec. Weise, 19120

 特有種　體型　L：3.3~4.0mm　食性　W：3.0~3.2mm

形態特徵

體近於卵形，半球形拱起。頭雄性黃色，雌性黑色。前胸背板黑色，兩側各有 1 個黃色寬卵形斑。鞘翅黑色，每一鞘翅各具 3 個黃色卵形斑。

生活習性

較為常見，主要棲息在農田、果園、樹林等環境，捕食蚜蟲及木蝨。

分布

臺灣（各地均有分布）。

 備　註

有不少紀錄（Weise, 1923；Miwa, 1931；Miyatake, 1965；Sasaji, 1982；1988a；1994；姚善錦等, 1972；Yu & Wang, 1999c）。

六星瓢蟲又稱臺灣巧瓢蟲，為臺灣特有種，俗稱以翅面的 6 枚黃色星斑來命名。其主要分布於低海拔山區，數量很多，以 1~3 月及 7~12 月出現頻率較高，其中 11、12 月各有一次記錄到六星瓢蟲嚼食昆蟲屍體，看起來具腐食性，而這兩次紀錄都在冬季，或許是因為缺乏食物所產生的特殊行為。

六星瓢蟲幾乎全年可見，以蚜蟲及木蝨為食，筆者於住家附近一個荒廢的田裡發現棲息於桑葉，有 5~6 隻群聚，一周後再看這些瓢蟲依舊在原來的地方，其活動力強，會不斷在葉面上下快速爬行。

▶幼蟲。

▲體側有 1 枚黃色的卵，可能是剛產下的。

▲蛹，虞國躍攝。

▲筆者曾在不同地方發現取食瓢蟲的屍體，從畫面可證明這種六星瓢蟲除了捕食蚜蟲、木蝨外，也具腐食性的行為。

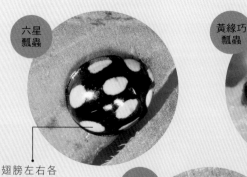

相似種比較

六星瓢蟲

翅膀左右各有 3 枚橢圓形黃斑

黃緣巧瓢蟲

翅膀底色黃色，斑點黑色，虞國躍攝。

黃星盤瓢蟲

翅膀左右只有一枚長橢圓形的黃斑

雌蟲頭部呈黑色，余素芳攝。

高砂巧瓢蟲
Oenopia takasago (Sasaji, 1982)

■ 模式產地：臺灣（南投）

■ 同物異名：*Chelonitis* (?) *takasago* Sasaji, 1982

 特有種　體型　L：3.2~4.7mm　食性　W：2.5~3.7mm

形態特徵

　　體短卵形，背面中度拱起。頭雄性白色，雌性黑色。前胸背板黑色，雄性側緣具黃白色大斑，基緣黑色，雌性或與雄性一樣，或僅具較窄的側緣淡黃色。鞘翅黑色，各具一對紅斑。

生活習性

　　生活在海拔 2000 公尺左右的中海拔山區。

> **備註**
>
> 有幾筆紀錄（Sasaji, 1982；1988a；1994；Yu, 1995；盧國躍, 2010）。

分布

　　臺灣（嘉義、南投、花蓮、高雄）。

　　高砂巧瓢蟲分布於中海拔山區（約 2200 公尺），對於牠的生活習性幾無所知。雌蟲顏色或與雄蟲相同，或不同，屬於較特殊的情況。

▶鞘翅黑色，各具一對紅斑，余素芳攝。

93

鞘翅左右各有一枚山峰狀的黑色弧形斑，翅縫合處黑色。

波紋瓢蟲 / 狹臀瓢蟲

Coccinella transversalis Fabricius, 1781

體型　L：4.6~6.2mm　食
W：3.5~5.0mm　性

模式產地：亞洲南部和東部、澳大利亞、新西蘭。

同物異名：*Coccinella repanda* Thunberg, 1781

形態特徵

　　頭黑色，額上具 2 個小型黃斑。前胸背板黑色，前角具近長方形的黃色至紅色斑，有時前緣淺色。鞘翅黃色至紅色，鞘縫黑色，通常黑色部分止於末端之前；各鞘翅上有 3 個黑色橫斑，前斑倒「T」字形，不達側緣及鞘縫；中斑位於鞘翅中部之後，與黑色的鞘縫相連或分離，不達翅側；後斑靠近翅端，此斑可消失，或擴大。

生活習性

　　棲息在多種植物上，路邊草地上也常見，捕食多種蚜蟲、盾蚧、銀合歡木蝨，也可能取食粉蚧。卵期 3~4 天，幼蟲期 12~15 天，蛹期 8~11 天；每雌可產卵 480~1200 粒。

分布

　　臺灣（各地包括蘭嶼）；福建、廣東、香港、海南、廣西、貴州、雲南、西藏；印度、孟加拉、東南亞至澳大利亞。

　　採集紀錄很多（Weise, 1923；Miwa, 1931；Timberlake, 1943；Bielawski, 1962；Sasaji, 1968b；1982；1988a；1991；1994；姚善錦等, 1972；Yu & Wang, 1999c）。

　　本屬 2 種，分類於瓢蟲屬，另一種為七星瓢蟲，這 2 種為家喻戶曉的明星瓢蟲。波紋瓢蟲以翅膀斑紋波浪狀而得名，主要分布於低海拔山區，筆者曾在南部一塊甘藷田裡看到數量龐大的族群，其實瓢蟲能抑制蚜蟲的數量，但多數農夫仍習慣噴灑大量農藥，因此若看到田裡有大量瓢蟲出現的話，即表示這些農地沒有施過農藥。

▲幼蟲後胸及腹部的一節為黃褐色，胸部背板中央具黃褐色斑。

▲展翅。

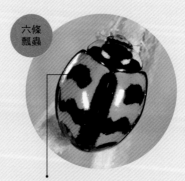

▲ 腹面黑色。

◀翅膀有一枚波浪狀的斑紋，第一列斑左右不相連。

相似種比較

波紋瓢蟲

第一列斑呈波浪紋

六條瓢蟲

第一列斑左右都是橫向

95

翅膀紅色，有 7 枚黑色的星斑。

七星瓢蟲

Coccinella septempunctata Linnaeus, 1758

模式產地：歐洲

同物異名：*Coccinella septempunctata brucki* Mulsant, 1866

體型 L：5.2~7.2mm
W：4.0~5.7mm
食性

形態特徵

頭黑色，額部具 2 個白色小斑。前胸背板黑色，兩前角具近於四邊形白斑。鞘翅黃色、橙紅色至紅色，兩鞘翅上共有 7 個黑斑；鞘翅上的黑斑可縮小，部分斑點可消失，或斑紋擴大，斑紋相連。

生活習性

七星瓢蟲喜歡在低矮的植物上生活，多見於草地及農田。捕食多達 60 多種蚜蟲。1 年可發生多代，卵期 4~5 天，幼蟲期 17~19 天，蛹期 6~8 天，每雌產卵 650~1800 粒，一天可產卵 24~98 粒。

分布

臺灣（各地包括蘭嶼）；中國大陸（除海南、香港）；古北區，東南亞、印度、新西蘭和北美（引進）。

備註

採集紀錄很多（Weise, 1923；Miwa, 1931；Miwaetal., 1932；Miyatake, 1965；Sasaji, 1982；1988a；1994；Yu, 1995；虞國躍, 2010）。

▶七星瓢蟲被 *Oomyzus scaposus* 瓢蟲隱尾跳小蜂寄生羽化後，出現許多小孔洞。

七星瓢蟲普遍分布於平地至低海拔山區，數量頗多，其特徵為翅面有 7 枚黑色星斑，是日常生活中最具代表性的瓢蟲，不僅小朋友喜歡牠們，就連童話書、卡通、遊樂區裡到處都可見到以七星瓢蟲鮮豔的美麗身影作為意象。

　　常見七星瓢蟲於農田、菜園和路邊的草叢間捕食蚜蟲，其繁殖能力強，全年可見，在筆者的檔案裡以 11 月分拍到的次數最多，可見牠們能以成蟲越冬。

▲幼蟲後胸背板及腹背側緣一節各有 2 枚近鄰的黃褐色斑。

▲羽化。

▲剛羽化的個體，翅斑顏色較淺，近翅基的白斑尚未顯現。

▲蛹。

▲密生在芒草花穗裡的蚜蟲讓瓢蟲就近取食無缺。

▲展翅飛翔的瞬間。

▲第 2 列斑相連。

▲第 2、3 列近翅縫的斑上下相連呈縱帶（稀少）。

▲各斑分離。

相似種比較

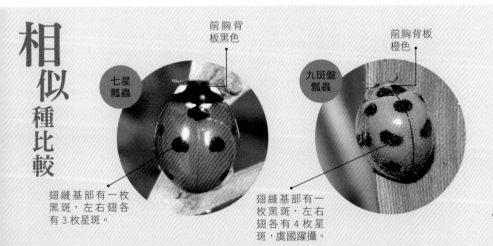

前胸背板黑色

七星瓢蟲

翅縫基部有一枚黑斑，左右翅各有 3 枚星斑。

前胸背板橙色

九斑盤瓢蟲

翅縫基部有一枚黑斑，左右翅各有 4 枚星斑，虞國躍攝。

99

前胸背板黃白色具 4 枚縱向的斑點，翅面紅色，斑點很多。

異色瓢蟲
Harmonia axyridis (Pallas, 1773)

模式產地：俄羅斯

同物異名：*Leis axyridis* (Pallas, 1773)

體型　L：5.4~8.0mm
　　　W：3.8~5.2mm
食性

形態特徵

　　體卵圓形。雄性具白色唇基，雌性黑色。前胸背板和鞘翅上斑紋多變。鞘翅基色淺色或黑色，淺色型每一鞘翅上最多有 9 個黑斑和合在一起的小盾斑，這些斑點可部分或全部消失，出現無斑、2 斑、4 斑、6 斑、9~19 個斑等，或擴大相連等；黑色型常每一鞘翅具 2 或 4 個紅斑，紅斑可大可小。大多數個體在鞘翅末端 7 / 8 處具 1 個明顯的橫脊。

生活習性

　　捕食多種蚜蟲、蚧蟲、木蝨、蛾類的卵及小幼蟲、金花蟲幼蟲等，也會捕食食蚜蠅幼蟲等。

分布

　　臺灣（新北市、南投）；中國大陸廣泛分布（廣東南部及香港無分布）；日本、韓國、俄羅斯、蒙古、越南、引入或擴散到歐洲、北美、南美和非洲。

備 註

　　僅個別紀錄（姚善錦等, 1972；虞國躍等, 1999）。

　　本屬有 6 種，屬名為和瓢蟲。異色瓢蟲具多種變異，在中國大陸吉林長白山發現多色斑型達 176 種。其前胸背板通常黑色，左右各有 1 枚橢圓形的白斑。鞘翅有無斑、2 斑、4 斑、6 斑甚至多達 19 斑，但臺灣未見多型。臺灣常見的個體為前胸背板黑色或白色，中央有 5 枚分離的黑斑或相連呈「M」字紋，鞘翅左右各有 9 枚黑斑和小盾板邊的一枚小斑，近翅端具橫脊。主要分布於北部萬里、陽明山等山區，數量稀少，近似種為近翅端不具橫脊的隱斑瓢蟲，多分布中、高海拔山區捕食松樹上的蚜蟲。

▲幼蟲，虞國躍攝。

▲雄蟲，唇基白色。

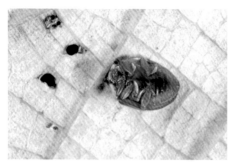

▲腹面橙褐色。

▲出現於中國大陸黑龍江佳木斯的不同色斑成
　蟲，虞國躍攝。

◀斑紋變異大，
　但鞘翅近翅
　端 7／8 處有
　一個明顯的橫
　脊。

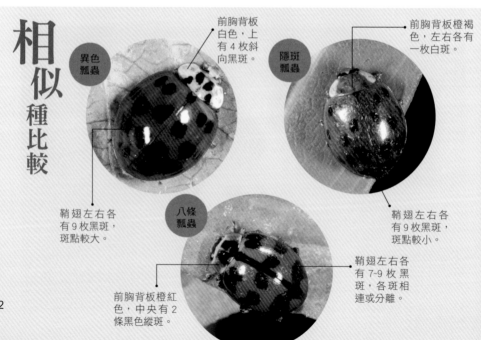

相似種比較

異色
瓢蟲

前胸背板
白色，上
有 4 枚斜
向黑斑。

鞘翅左右各
有 9 枚黑斑，
斑點較大。

隱斑
瓢蟲

前胸背板橙褐
色，左右各有
一枚白斑。

鞘翅左右各
有 9 枚黑斑，
斑點較小。

八條
瓢蟲

前胸背板橙紅
色，中央有 2
條黑色縱斑。

鞘翅左右各
有 7-9 枚 黑
斑，各斑相
連或分離。

前胸背板左右各有一枚醒目的橢圓形長斑。

隱斑瓢蟲
Harmonia yedoensis (Takizawa, 1917)

模式產地：日本

體型 L：6.5~6.8mm 食性
W：5.0~5.1mm

形態特徵

體卵形。頭黃褐色，額部具三角形白斑，或頭頂具 2 個三角形黑斑。前胸背板褐至黑色，兩側具白色大斑。鞘翅顏色多變，鞘翅基色為黃色時，每一鞘翅上有 9 個黑斑（及黑色的小盾片），每一鞘翅上呈 2-3-3-1 排列，斑點的數量常減少，甚至無斑點；鞘翅基色為黑色時，鞘翅上有 12 個黃色斑，呈 2-1-2-1 排列，黃色斑常常消失，只剩前後 2 個黃斑。

生活習性

分布於低、中海拔山區，數量較少。

 備註

有幾筆採集紀錄（Sasaji, 1982；1988a；1994；Yu & Wang, 1999c）。

分布

臺灣（廣泛分布）；中國大陸甘肅至北京一線以南；日本、韓國、越南。

隱斑瓢蟲，前胸背板左右各有一枚橢圓長形的白斑，鞘翅左右無斑或 6、8、10 等多枚黑斑，星斑個數及大小變異很大，主要分布於中、高海拔山區，成蟲 5~10 月出現，以 9~10 月最多見，幼蟲可能捕食松樹上的蚜蟲，成蟲夜晚會趨光，局部地區普遍。近似種異色瓢蟲近翅端具橫脊，翅端較寬圓，本種近翅端不具橫脊，翅端較尖窄；兩種幼蟲的斑紋也明顯不同。

103

▲幼蟲，虞國躍攝。

▲腹面為單純的橙黃色。

▲高海拔畢祿溪的個體，翅膀無斑型。

▲無斑型。

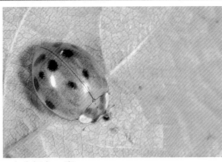

▲左右翅各 6 斑。

▲左右翅各 8 斑。

▶左右翅各 9 斑。

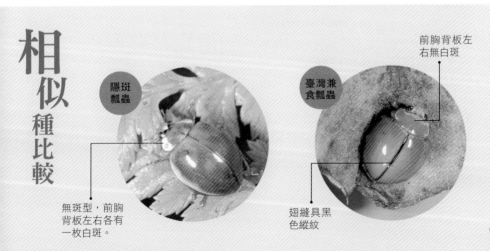

相似種比較

隱斑瓢蟲

無斑型，前胸
背板左右各有
一枚白斑。

臺灣兼
食瓢蟲

前胸背板左
右無白斑

翅縫具黑
色縱紋

白天拍攝於新竹鎮西堡，為稀少的種類。

點條和瓢蟲
Harmonia shoichii Sasaji, 1988

模式產地：臺灣（南投）

特有種

體型	L：4.6mm	食	
	W：4.6mm	性	

形態特徵

體橢圓形。頭黃棕色。前胸背板黃棕色，前角及後角具黃白斑，中線前端具一個黃白斑。鞘翅棕色，每一鞘翅上具 5 個黃白斑：小盾斑位於近小盾片處，近三角形，與翅基相連；近鞘縫具一長形縱條，從鞘翅的 1／5 處伸至 3／4 處；鞘翅肩角後側具一長形斑，長度約為鞘翅長的 1／6；翅緣的縱條從近基部伸達鞘翅的 2／5 處；近外緣的縱條從鞘翅的中部伸達近翅端。

生活習性

生活在海拔 2100 公尺左右的山區地帶。

分布

臺灣（南投）。

點條和瓢蟲乃 Sasaji 1988 年發表，模式標本採集於南投梅峰，數量相當稀少。2005 年筆者在新竹鎮西堡拍到生態照片，翅面紅褐色，前後緣各有一列縱向的條紋，斑型近似四條褐瓢蟲，但本種於前緣的斑上短下長，上方有 1 枚獨立的斑，四條褐瓢蟲於前緣的斑上下等長，上方沒有獨立的斑，因此從獨特的斑紋可與其他瓢蟲區分。主要分布於中、高海拔山區，生活史不明。

▲點條和瓢蟲，側視，有一枚獨立的斑和
1 條縱向彎曲的條紋，陳榮章攝。

備　註

　僅 1 筆紀錄（Sasaji, 1988b），雌性正
模採於南投梅峰。

▶點條和瓢蟲，翅面紅褐色，斑紋黃色
是標本變色所致，Maruyama 攝。

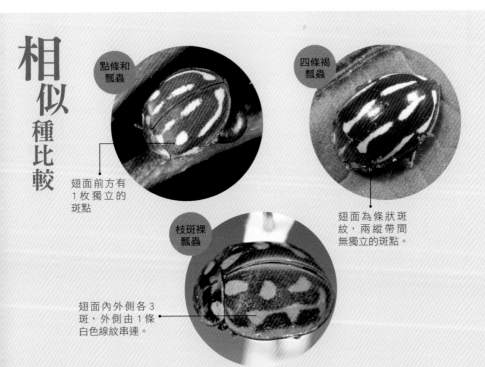

相似種比較

點條和
瓢蟲

四條褐
瓢蟲

翅面前方有
1 枚獨立的
斑點

翅面為條狀斑
紋，兩縱帶間
無獨立的斑點。

枝斑裸
瓢蟲

翅面內外側各 3
斑，外側由 1 條
白色線紋串連。

翅面橙色，左右各有 4 條橫向排列的斑紋，故稱八條瓢蟲。

八條瓢蟲 / 八斑和瓢蟲

Harmonia octomaculata (Fabricius, 1781)

模式產地：澳大利亞

同物異名：*Coccinella octomaculata* Fabricius, 1781
Harmonia arcuata (Fabricius, 1781)

體型　L：5.8~7.3mm　食性
　　　W：4.3~5.6mm

形態特徵

體卵形。頭黃褐色，有時頭頂黑色。前胸背板黃褐色，具黑斑 2 個，4 個或 5 個，或者一個大黑斑。鞘翅橙黃至黃褐色，斑紋多變，每一鞘翅上具 7 個黑斑，呈 2+3+2 排列，斑紋可擴大，並在翅端出現一個黑斑，這樣形成 4 條橫帶，前 2 條斑紋可在外側相連，後 2 條斑紋可相融，只留 1 淺色斑點；鞘縫常呈黑色，或斑紋減少，甚至無斑紋。

生活習性

主要在平地和低海拔地區，可在多種生態環境中發現，如水稻田、柑橘等果樹以及草地，捕食蚜蟲、葉蟬、飛蝨等多種小昆蟲。

分布

臺灣（各地均有分布）；中國大陸浙江至四川以南；日本、南亞、東南亞至澳大利亞。

 備 註

採集紀錄較多（Weise, 1923；Miwa, 1931；Bielawski, 1962；Miyatake, 1965；姚善錦等, 1972；Sasaji, 1982；1986；1988a；1994；Yu, 1995；Yu & Wang, 1999c）。

　　八條瓢蟲以左右翅各 4 條橫向排列的斑而命名，本種體型較大，廣泛分布於平地至低海拔山區，在南部的農田十分常見。2003 年 6 月筆者首次在基隆河畔的草叢中發現，隔年 1 月在南部老家的庭院再次觀察到牠的身影，翻查檔案後發現共拍了 11 次之多，其中於北部拍攝的檔案多集中於 6~8 月，南部則以 12~3 月較多。此種瓢蟲如無斑紋，外形與隱斑瓢蟲相似，但後者前胸背板兩側白色。

　　過去筆者也曾在一個村莊的路邊看到數百隻八條瓢蟲群聚在大花咸豐草上，當時環境布滿蚜蟲和烏黑的排遺，有卵、幼蟲和蛹，以及各種不同斑紋的瓢蟲交尾，仔細觀察這些瓢蟲翅膀上變異的圖案，彷彿毛筆醮墨塗繪般，因而讓人深深著迷並樂於拍照也不覺得疲累。

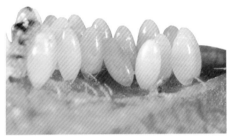

▲卵。

▲交尾。

▶低齡幼蟲。

▲在隱密的枝葉間，不同斑型的個體交尾。

▲前胸背板呈葉片狀，2~3 列斑相連。

◀腹面呈黑色。

▲前胸背板呈「米」字狀，1~4 列各斑獨立。

相似
種比較

八條
瓢蟲

六條
瓢蟲

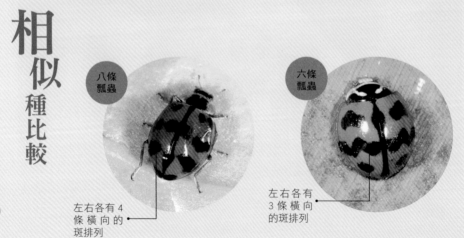

左右各有 4
條橫向的
斑排列

左右各有
3 條橫向
的斑排列

▲第 3 列斑左右相連。

▲第 2~4 列斑左右相連。

▲第 3~4 列斑上下及左右相連。

▲斑點甚小，各斑皆分離。

▲全翅斑消失。

▲第 1 列斑消失。

111

體背黃色，鞘翅左右各有 8 枚小黑斑。

星點褐瓢蟲／纖麗瓢蟲

Harmonia sedecimnotata (Fabricius, 1801)

模式產地：印尼

同物異名：*Neda sedecimnotata* (Fabricius, 1801)
Callineda sedecimnotata (Fabricius, 1801)

體型　L：5.6~7.8mm　食性
　　　W：4.6~6.3mm

形態特徵

體卵形。橘黃色或顏色較淺，有時頭頂黑色。前胸背板具 2 個小黑斑。小盾片黑色。鞘翅上有 16 個大小相近的小黑斑，每一鞘翅上呈 2-3-2-1 排列，有時第三排的 2 個斑點會消失。

生活習性

可在農田（如棉田）、柑橘及芭樂等樹上發現其蹤跡；捕食蚜蟲、綿蚜、螺旋粉蝨等。成蟲具趨光性。

分布

臺灣（各地）：廣東、香港、廣西、海南、四川、貴州、雲南、西藏；越南、馬來西亞、菲律賓、印尼。

本屬 6 種，或許和體上纖細的斑點有關，因而以翅斑像繁星點點來命名，稱為星點褐瓢蟲，又稱纖麗瓢蟲。星點褐瓢蟲的前胸背板有 2 枚小黑斑，鞘翅共有 16 枚大小相近的小斑點，主要分布在太平山、觀霧、藤枝等 1000 公尺以上山區，瑞芳、霧峰等低海拔也曾出現，筆者除 3、6、8、9 月沒拍攝過外，幾乎全年都能觀察到牠的蹤跡。

本種鞘翅上的斑點細小而易與他種區分，能以成蟲越冬，夜晚也會趨光。

▲幼蟲。

▲蛹。

▲前胸背板有 2 枚小斑點。

▲雌雄斑紋相同。

▲欲展翅的模樣。

不少紀錄（Miwa, 1931；Korschefsky, 1933；Miyatake, 1965；Sasaji, 1982；1986；1988a；1994；Yu, 1995；Yu & Wang, 1999c）。

▲體色較淡的個體。

▶體色較豔麗
的個體。

相似種比較

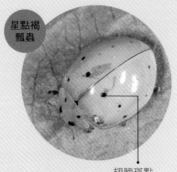

星點褐
瓢蟲

翅膀斑點
極為細小

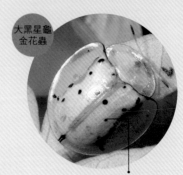

大黑星龜
金花蟲

翅膀也有細
小的斑點

翅面有 13 枚黑色星斑，翅端的一枚在翅縫上。

小十三星瓢蟲／紅肩瓢蟲

Harmonia dimidiata (Fabricius, 1781)

模式產地：印度

同物異名：*Leis quindecimmaculata* Weise, 1913
Synonycha kikuchii Ohta, 1929

體 L：6.6~9.4mm 食
型 W：6.1~8.4mm 性

形態特徵

　　體近圓形。頭黃褐色。前胸背板黃褐色，基部具 2 個黑斑，通常相連，罕分離，或消失。小盾片黑色。鞘翅橙黃色至橘紅色，上有 13 個黑斑，每一鞘翅上呈 1-3-2-½ 排列。鞘翅上的斑點可縮小擴大，甚至相連。

生活習性

　　棲息於農田、森林，捕食麥蚜、蘿蔔蚜等多種蚜蟲及木蝨等，分布海拔可達 2200 公尺。冬季會一次十幾頭躲在牆角或石壁集體越冬。

分布

　　臺灣（廣泛分布）：四川、湖南、福建、廣東、廣西、貴州、雲南、西藏；尼泊爾、印度、印尼、美國（引進）。

備 註

　　很多紀錄（Weise, 1923；Ohta, 1929b；Miwa, 1931；Mader, 1934；Bielawski, 1962；Miyatake, 1965；Sasaji, 1982；1986；1988a；1994；Yu, 1995；姚善錦等，1972；Yu & Wang, 1999c）。

◀幼蟲體背黑色，中央有
　一枚橙黃色大斑，斑內
　有黑色分布。

▲蛹橙黃色，左右各節間具黑斑呈縱向排列。

▲羽化後的蛻。

▲羽化後的成蟲頭部鑽進蛹殼裡。

▲顏色鮮紅的個體。

▶腹面橙黃色。

▶成蟲。

▲小十三星瓢蟲是臺灣最常見到越冬的種類，集體躲藏在電線桿的鐵皮下。

▶2008 年 2 月，在土城二叭子植物園人行道旁的路燈基座隙縫裡，發現許多小十三星瓢蟲聚集，若連續幾天出太陽，瓢蟲的數量會減少，應該是各自離開捕食去了。

相似種比較

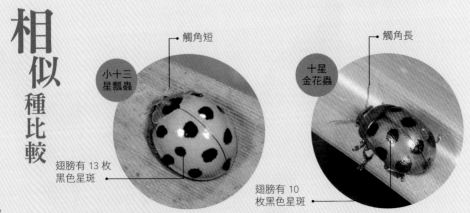

小十三星瓢蟲

觸角短

翅膀有 13 枚黑色星斑

十星金花蟲

觸角長

翅膀有 10 枚黑色星斑

在寒冷的冬天橙瓢蟲會躲藏於花穗裡避寒，並取食花藥。

橙瓢蟲 / 稻紅瓢蟲

Micraspis discolor (Fabricius, 1798)

模式產地：印度

同物異名：*Verania discolor* (Fabricius, 1798)

體型	L：3.9~4.9mm	食性
	W：3.1~3.9mm	

形態特徵

　　體卵形。頭黃褐色，有時頭頂黑色。前胸背板黃褐色，基部具 2 對黑斑，常相連成橫帶，另一對位於背中線兩側，可消失；或呈一個大黑斑；或所有黑斑均消失，只剩褐色斑。小盾片黑色。鞘翅紅色至橘紅色，鞘縫黑色，較窄，有時鞘翅基緣和外緣亦有更細窄的黑色邊緣。足全為黃褐色，爪黑色。

生活習性

　　棲息在農田（包括水稻田）、果樹、雜草等，捕食多種水稻害蟲，包括稻薊馬、麥長管蚜、葉蟬、飛蝨、鱗翅目害蟲的幼蟲和卵、玉米蚜等蚜蟲，也取食水稻和苧麻的雄蕊（花絲和花藥）。成蟲具趨光性。

分布

　　臺灣（全島，包括蘭嶼均有分布）；中國大陸陝西和河南以南地區；日本、菲律賓、泰國、越南、馬來西亞、印尼、印度、斯里蘭卡。

 備 註

　　不少採集紀錄（Weise, 1923；Miwa, 1931；Chûjô, 1940；Miyatake, 1965；Sasaji, 1968b；1982；1988a；1991；1994；Yu & Wang, 1999c）。

　　橙瓢蟲又稱稻紅瓢蟲，為兼食瓢蟲屬，本屬共有 3 種瓢蟲。體背橙紅色，頭額黃色或具黑斑。前胸背板後緣左右各有 2 枚斜向的黑色斑紋，有些個體此處斑紋不明顯或擴大。鞘翅為單純的橙紅色，兩翅中央接合處具黑色縱帶，分布於平地至低海拔山區，以蚜蟲為食，當食物缺少時有些個體會攝食水稻或苧麻的雄蕊，曾發現牠們取食芒草的花藥。橙瓢蟲與龜紋瓢蟲的某些色斑相似，但後者體背拱起相對較平，前胸背板基部有一個大黑斑，可作為區分的要點。

▲卵

▲翅膀前寬後窄，前胸背板後緣的黑斑相連。

▲2006 年 1 月於農田發現橙瓢蟲正在取食禾本科的花藥。

▲前胸背板具黑斑的個體。

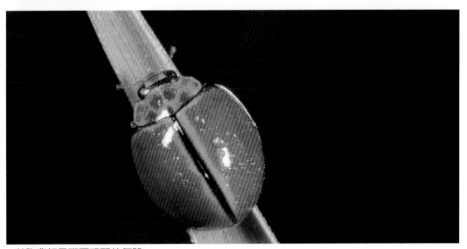

▲前胸背板黑斑不明顯的個體。

相似種比較

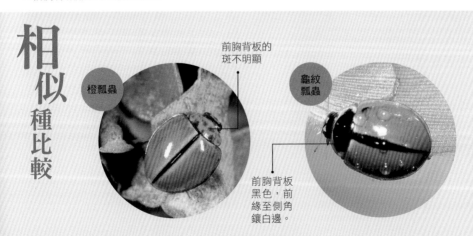

橙瓢蟲

龜紋瓢蟲

前胸背板的斑不明顯

前胸背板黑色,前緣至側角鑲白邊。

121

黑胸兼食瓢蟲，前胸背板黑色，前緣斑弧狀，中央沒有內凹。

黑胸兼食瓢蟲
Micraspis satoi Miyatake, 1977
模式產地：日本

體型	L：3.3~3.7mm	食
	W：2.6~3.0mm	性

形態特徵

　　體卵形。頭黃褐色，頭頂黑色，雌性上唇具大黑褐斑，額部中央具粗大「T」形黑斑。前胸背板黑色，前緣及側緣黃白色（不達背板基部）。鞘翅紅色至橘紅色，鞘縫黑色，鞘翅基緣和外緣具細窄的黑色邊緣。

生活習性

　　分布於低海拔地區。

分布

　　臺灣（花蓮）；日本。

　　2006 年 6 月筆者在花蓮馬太鞍溼地的草叢裡發現，以為是橙瓢蟲或龜紋瓢蟲翅膀無斑的個體，後經虞博士鑑定才發現這隻瓢蟲的特殊身分。當時在附近還拍攝到形態近似的金花蟲，但牠們觸角較長，瓢蟲觸角較短，體型較圓。形態上與本種斑紋最接近的是龜紋瓢蟲，但兩者前胸背板前緣的白斑不一樣，另也與稻紅瓢蟲相當接近，但本種體較小，體型較寬圓，後者足的爪黑色，而本種淺色，或只有部分呈褐色，但不會是黑色。

備註

　　僅 1 筆紀錄（虞國躍，2010）。

122

Column

鞘翅上的星點數

　　當我們捉到瓢蟲時，往往會先數一數鞘翅上的斑點數，以便知曉瓢蟲名稱，對大多數瓢蟲來說，這方法有時真的很管用。生物命名的鼻祖林奈定名的瓢蟲共有 36 種，其中 26 種是有效的，這些瓢蟲中，有 18 種以多少星、斑、條等命名，因此我們辨識這些具典型斑紋的瓢蟲時，只要數一數鞘翅上的斑點或條紋，猜對的比率約有 69.2%，然而這也不是百分百的規則，舉例來說，九星瓢蟲的斑紋有多種，九星只是其中的一種個體，而異色瓢蟲在中國大陸多達 176 種斑型，有時瓢蟲鞘翅上的斑紋數就算使用數字也遠不夠用。

七星瓢蟲

八條瓢蟲

相似種比較

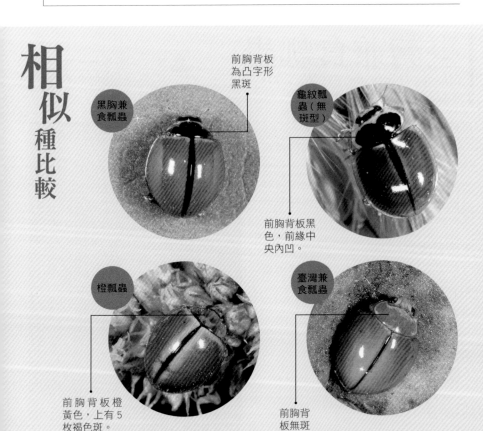

黑胸兼食瓢蟲

前胸背板為凸字形黑斑

龜紋瓢蟲（無斑型）

前胸背板黑色，前緣中央內凹。

橙瓢蟲

前胸背板橙黃色，上有 5 枚褐色斑。

臺灣兼食瓢蟲

前胸背板無斑

翅膀橙黃色，翅縫為細窄的黑色縱紋。

臺灣兼食瓢蟲
Micraspis taiwanensis Yu, 2001
模式產地：臺灣（南投、臺中）

特有種 體型 L：3.1~3.9mm W：2.5~3.2mm 食性

形態特徵

　　體短卵形。頭黃白色。前胸背板淺黃褐色或橙黃色，前胸背板兩側緣半透明。鞘縫淺橙黃色或橙紅色，鞘縫黑色，很窄，翅緣淺黃褐色，半透明。腹面包括足皆為黃褐色。

生活習性

　　分布於中、低海拔山區，標本標籤記載採自甘蔗上，上有粉蚧。

分布

　　臺灣（南投、臺中、嘉義、臺南）。

 備 註

　　僅2筆紀錄（Yu, 2001；虞國躍，2010）。

▲臺灣兼食瓢蟲可能取食搖蚊的屍體。

2006 年 3 月筆者在八掌溪畔拍攝到很多瓢蟲，除了有六條瓢蟲、龜紋瓢蟲、七星瓢蟲、波紋瓢蟲、大十三星瓢蟲外，其中這隻翅膀橙黃色，翅緣半透明的瓢蟲經虞博士鑑定後確認是臺灣兼食瓢蟲。其斑型很像橙瓢蟲，不過橙瓢蟲體色較深，前胸背板近基部有 2 枚黑色斑，分離或相連，而臺灣兼食瓢蟲顏色較淡，前胸背板無斑，側緣半透明。基本上，本種個體較小，鞘翅除極細的黑色鞘縫外，為淺橙黃或橙紅色和半透明的淺黃褐色翅緣，因此容易與其他本屬瓢蟲區分。

2009 年 2 月筆者又在同樣的地方看到牠們，但數量上較為稀少。這隻瓢蟲是 2001 年才命名的新種，能拍到牠真的很令人高興，因為那種無心偶得的心情相較於特地為某個物種目標尋尋覓覓來得輕鬆且有趣許多，這或許就是生態觀察過程中的驚喜吧！

 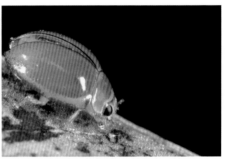

▲前胸背板和鞘翅側緣都是半透明狀。　　▲翅緣淺黃褐色，半透明。

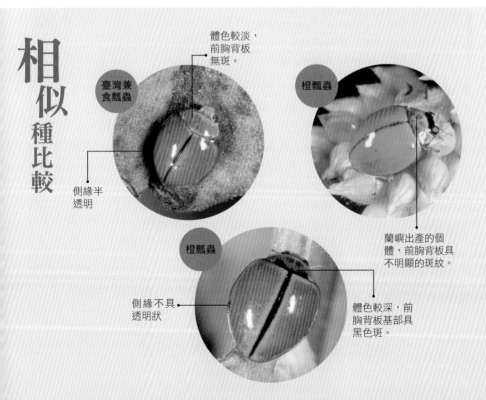

相似種比較

臺灣兼食瓢蟲

體色較淡，前胸背板無斑。

側緣半透明

橙瓢蟲

蘭嶼出產的個體，前胸背板具不明顯的斑紋。

橙瓢蟲

側緣不具透明狀

體色較深，前胸背板基部具黑色斑。

翅面橙黃色，左右共有10枚黑色斑點。

十斑大瓢蟲
Megalocaria dilatata (Fabricius, 1775)

模式產地：美國（錯誤！）

同物異名：*Anisolemnia dilatata* (Fabricius, 1775)

體型 L：9.0~13.0mm W：8.2~12.0mm 食性

形態特徵

　　體近於圓形。頭橙黃色，複眼內則具黑斑，有時擴大與黑色的頭頂相連。前胸背板具 1 對黑斑，接近後緣或與後緣相連。小盾片黑色。鞘翅橙黃色，每一鞘翅具 5 個黑斑，呈 1-2-2 排列，有時鞘翅外緣具黑色細邊。

生活習性

　　分布於低海拔地區，多見於竹林，捕食其上的蚜蟲。

分布

　　臺灣（臺北、新北市）；四川、福建、廣東、香港、廣西、貴州、雲南；越南、尼泊爾、印尼、印度、斯里蘭卡。

　　2007 年 5 月筆者在貢寮一處竹林內發現一隻顏色鮮豔的巨大瓢蟲，靠近拍照時牠因受到驚動而掉落地面，這時見牠的六隻腳都縮進腹下呈裝死狀態，前胸背板後緣縫滲出淡黃色的液體，而在胸部側緣有一對醒目黑斑，臭液就從前腳部關節滲出，藉以逃避敵害。2012 年 1 月間筆者又在北埔看到牠，其成蟲主要出現於 3~5 月，以 5 月為高峰期。

 備註

　　僅個別紀錄（Kovár, 2007；虞國躍，2010）。

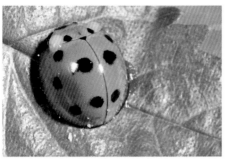

▲遇到騷擾或天敵，會從胸節或腿節分泌出黃色液體驅敵。

▲腹面橙黃色，各腳節粗大。

▲前胸背板近後緣有 2 枚黑斑，體型碩大。

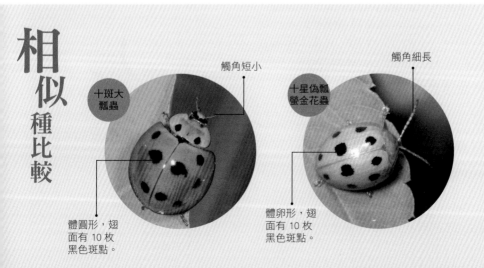

相似種比較

十斑大瓢蟲

觸角短小

體圓形，翅面有 10 枚黑色斑點。

十星偽瓢螢金花蟲

觸角細長

體卵形，翅面有 10 枚黑色斑點。

體黃色或橙紅色。

大十三星瓢蟲／大突肩瓢蟲

Synonycha grandis (Thunberg, 1781)

模式產地：中國（無具體地點）

體 L：10.5~14.0mm 食
型 W：9.6~13.2 mm 性

形態特徵

體近於圓形。頭橙黃色，頭頂黑色。前胸背板橙黃色，中央具梯形大黑斑，有時隱約可見中央的分割線。小盾片黑色。鞘翅橙黃至橙紅色，兩鞘翅上共有 13 個黑斑，其中 3 個在鞘縫上。

生活習性

喜歡取食甘蔗綿蚜和竹蚜，1 頭幼蟲全期可捕食甘蔗綿蚜 1779~2689 頭。

 備 註

不少紀錄（Weise, 1923；Miwa, 1931；Sasaji，1982；1988a；1994；姚善錦等，1972；Yu & Wang, 1999c）。

分布

臺灣（各地均有分布）；福建、廣東、香港、廣西、貴州、雲南；南亞、東南亞至新幾內亞。

▲低齡幼蟲體背中央有 1 條白色橫帶，左右側緣具棘狀突出。

◀遇到騷擾會裝死。

▲以多種蚜蟲為食。

▲體背隆突。

▲前胸背板中央的黑色斑為梯形。

相似種比較

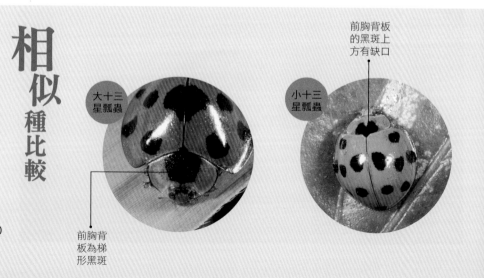

大十三
星瓢蟲

前胸背
板為梯
形黑斑

前胸背板
的黑斑上
方有缺口

小十三
星瓢蟲

▲正常斑型的個體。

▲第 4 列斑相連的個體。

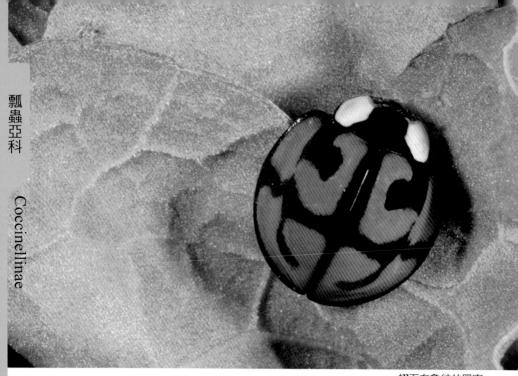

翅面有龜紋的圖案。

大龜紋瓢蟲 / 六斑異瓢蟲

Aiolocaria hexaspilota (Hope, 1831)

模式產地：尼泊爾

同物異名：*Ithone hexaspilota* (Hope, 1831)

體型	L：9.5~10.5 mm	食性
	W：8.4~9.0 mm	

形態特徵

　　體圓而大。頭黑色。前胸背板黑色，兩側具白色或淺黃色大斑。鞘翅具紅黑兩色，外緣和鞘縫總是黑色，中後部有一條黑色的橫帶，或者橫帶分裂成兩個部分；在翅的基部及近端部各有一個黑斑，分別常與翅中的橫斑和翅端或翅基相連，有時端斑不明顯。

 備註

　　有幾筆紀錄（Miwa, 1931；Sasaji, 1982；1988a；Yu & Wang, 1999c）。

生活習性

　　比較少見，一年一代，發生於1000 公尺左右的山區，捕食赤楊金花蟲等金花蟲的幼蟲，有時也會捕食蚜蟲。

分布

　　臺灣（臺北、桃園、南投、嘉義、高雄、花蓮）；中國大陸廣泛分布；日本、韓國、俄羅斯、印度、尼泊爾、錫金、緬甸。

▲終齡幼蟲，體背橙紅色，胸背各節有 2 枚黑斑，腹背各節有 4 枚黑斑。

▲棲息環境除了幼蟲還有很多蛹，5 月可見。

▲腹面底色為黑色，邊緣橙紅色。

▲蛹背的黑色斑紋粗獷。

相似種比較

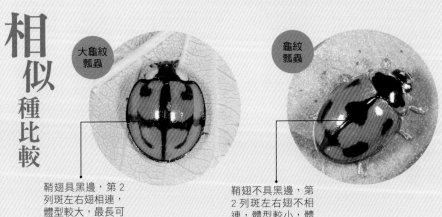

大龜紋瓢蟲

龜紋瓢蟲

鞘翅具黑邊，第 2 列斑左右翅相連，體型較大，最長可達 10.5mm。

鞘翅不具黑邊，第 2 列斑左右翅不相連，體型較小，體長約 4.5mm。

頭頂具黑色或褐色基斑。

二十星菌瓢蟲
Psyllobora vigintimaculata (Say, 1824)

模式產地：美國

外來種　體型 L：1.8~3.0mm　食性
　　　　　　 W：1.4~2.4mm

形態特徵

　　體卵形。頭頂具黑色或褐色基斑。前胸背板具 5 個黑色或褐色斑，中斑較小或常消失；有時斑紋相連，或不明顯。每一鞘翅具 9 個黑斑或褐斑，呈 2-2-1-3-1 排列，但中部的斑紋常常部分相連。

生活習性

　　平地至低海拔山區，取食鳳仙花葉上的白粉菌。

分布

　　臺灣（高雄）；日本、北美。

 備 註

　　僅 1 筆紀錄（虞國躍，2010）。

　　本屬 1 種，鞘翅具 19~20 枚黑或褐色斑，相連或模糊狀，在國外有些個體翅膀上的黑斑不具模糊狀；中國大陸北方有二十二星菌瓢蟲，身體呈淡黃色，鞘翅各黑斑通常分離。二十星菌瓢蟲是在 2008 年 12 月筆者的一位朋友於高雄發現，當時經虞博士鑑定為二十星菌瓢蟲，在這之前網路上從沒見過相關照片。該瓢蟲體背褐色具黑色、黑褐色雜斑，體型甚小大約 2~3mm，發現時棲息於鳳仙花葉上，葉面布滿白粉菌，習性近似黃瓢蟲，是一種食菌性瓢蟲。

▲卵白色，6粒聚集附著葉背，竹子攝。

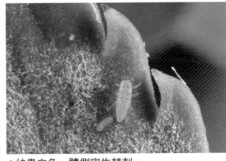
▲幼蟲白色，體側密生棘刺。

▲成蟲、幼蟲於葉背密生的白粉菌上覓食。

▲鞘翅斑紋集中在基部及左右翅的中央。

▶鞘翅前緣只有2枚黑色大斑。

相似種比較

二十星菌瓢蟲

鞘翅斑紋擴散或模糊狀

小豔瓢蟲屬

鞘翅斑紋聚集成斑點狀

135

鞘翅左右各有 11 枚大小、長短不一的白色斑紋，斑型像梵文而命名。

梵文菌瓢蟲 ╱ 白斑褐瓢蟲

Halyzia sanscrita Mulsant, 1853

模式產地：印度

體型 L：5.2~6.1mm 食性
　　 W：4.1~5.0mm

形態特徵

體卵形。頭部黃白色。前胸背板黃褐色，兩側透明，具 5 個白斑。鞘翅黃褐色，兩側透明，鞘縫白色，每一鞘翅上具 11 個白斑。

生活習性

分布於中、高海拔山區，取食白粉菌。成蟲具趨光性。

分布

臺灣（宜蘭、桃園、新竹、嘉義、南投、高雄）；甘肅、陝西、河北、河南、浙江、福建、廣東、廣西、四川、貴州、雲南、西藏；尼泊爾、印度。

梵文菌瓢蟲為臺灣 6 種食菌型瓢蟲之一，翅膀具白色斑紋，俗稱白斑褐瓢蟲，與其他食菌類瓢蟲一樣棲息在布滿白粉菌的葉背，曾在 3~5 月及 9~10 月於上巴陵、阿里山、鎮西堡、觀霧、明池等中、高海拔山區發現，棲息在杜鵑、海芋、山柿等植物葉背，夜晚會趨光，因此容易在燈光下看到牠的身影。本屬 2 種，與另一種臺灣菌瓢蟲斑紋接近，但後者翅縫不具白色縱向條紋，通常從鞘翅中部具 2 條白色縱條可與其他食菌瓢蟲作區分。

備　註

有一些採集紀錄（Sasaji, 1982；1988a；1994；Yu, 1995；Yu & Wang, 1999c）。

▲合翅時兩翅接合處具白色縱紋。

▲體呈橙褐色，頭部黃白色。

▲白天棲息於布滿白粉菌的葉背，中、高海拔山區普遍分布。

相似種比較

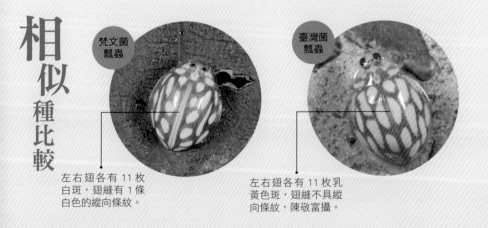

梵文菌瓢蟲

臺灣菌瓢蟲

左右翅各有 11 枚白斑，翅縫有 1 條白色的縱向條紋。

左右翅各有 11 枚乳黃色斑，翅縫不具縱向條紋，陳敬富攝。

每一鞘翅上有 11 個乳黃色斑，排列成縱向的 4 排，陳敬富攝。

臺灣菌瓢蟲

Halyzia shirozui Sasaji, 1982

模式產地：臺灣（南投）

特有種 | 體型 | L：5.5~6.5mm
 W：4.5~5.7mm | 食性 |

形態特徵

體短卵形。頭乳黃色。前胸背板乳黃色，中部具一不明顯褐色斑。鞘淺黃褐色（活體為草黃色），每一鞘翅上有 11 個乳黃色斑，排列成縱向的 4 排，其中近鞘縫處具 5 個斑，前3 個縱向，後 2 個橫向略斜。

生活習性

分布於中、高海拔的山區。成蟲具趨光性。

分布

臺灣（桃園、嘉義、南投、臺中）。

臺灣菌瓢蟲是一種非常漂亮的瓢蟲，分布於中、高海拔山區。成蟲具趨光性，採集到的標本中雄性所占比例較低，原因不明。這類瓢蟲的幼蟲和成蟲均捕食闊葉樹葉上的白粉菌。

備註

有幾筆紀錄（Sasaji, 1982；Yu & Wang, 1999b；1999c）。

▲展翅的瞬間，陳敬富攝。

▲臺灣菌瓢蟲又稱黃斑瓢蟲，斑型近似梵文菌瓢蟲，翅膀左右也有
11 枚斑，但本種斑紋為黃色，梵文菌瓢蟲斑紋為白色。

瓢蟲亞科
Coccinellinae

縱條黃瓢蟲具褐色條狀的斑紋十分漂亮。

縱條黃瓢蟲 / 白條菌瓢蟲

Macroilleis hauseri (Mader, 1930)

模式產地：中國（四川）

同物異名：*Halyzia hauseri* Mader, 1930

體型　L：5.3~7.3mm　食性
　　　W：4.1~5.4mm

形態特徵

　　體呈寬卵形。頭部乳白色。前胸背板黃色，具 3 個白斑；或中央具一個不明顯的褐色「M」字紋或「八」字紋；或無斑紋。鞘翅黃色或黃褐色，每一鞘翅上具 4 條乳白色或黃色的縱條，均在翅端相連，在翅基獨立或外側 2 條可相連，側緣黃褐色，半透明。

生活習性

　　分布於中海拔山區，可取食多種白粉菌。成蟲趨光性。

分布

　　臺灣（南投、嘉義、臺中、高雄）；甘肅、陝西、湖北、河南、福建、廣西、四川、貴州、雲南、西藏、海南；不丹、印度。

▼前胸背板黃色，具「M」字形褐色斑紋或 3 枚或無。

　　有不少紀錄（Miyatake, 1965；Sasaji, 1982；1988a；1994；Yu, 1995；Yu & Wang, 1999c）。

　　本種中國大陸稱白條菌瓢蟲，但臺灣尚未發現有白色條紋的個體，鞘翅底色黃色，左右各有 4 條褐色條紋，於翅縫的縱紋相連；另有一種鞘翅底色黃褐色，左右各有 4 條白色條紋，但這種色型臺灣未曾見過。2004 年 5 月筆者在觀霧山莊燈下的白色牆壁看到好多趨光性的瓢蟲，有星點褐瓢蟲、四條褐瓢蟲、灰帶黃裸瓢蟲、白斑褐瓢蟲、縱條黃瓢蟲，這些中、高海拔的瓢蟲顏色都很鮮豔，與平地所見不同，相信初次接觸瓢蟲的人到了這裡會大開眼界。

　　縱條黃瓢蟲在 4~6 月間局部地區數量很多，辨識上本種色彩鮮豔，鞘翅上共有 8 條簡單的縱紋，可與其他瓢蟲作區分。

▲夜晚飛到路燈下，在地面爬行的縱條黃瓢蟲。

相似種比較

縱條黃瓢蟲

灰帶黃裸瓢蟲

體背黃色，鞘翅具縱向的褐色條紋。

體背黃色，鞘翅具縱向的灰色條紋。

前胸背板後緣有 2 枚黑斑，鞘翅黃色。

黃瓢蟲／柯氏素菌瓢蟲

Illeis koebelei Timberlake, 1943

模式產地：日本、中國（四川、臺灣－無具體地點）。

同物異名：*Thea cincta*: Weise, 1923；Miwa, 1931 (nce. Fabricius, 1801)

體型 L：3.5~5.1 mm　W：3.0~4.0mm　食性

形態特徵

　　體黃色或乳白色，鞘翅上沒有斑紋，前胸背板基部常具 2 個黑斑，加上透過前胸背板的黑色複眼，粗看前胸具 4 個黑斑。

　　有不少紀錄（Weise, 1923；Miwa, 1931；Timberlake, 1943；Sasaji, 1982；1986；1988a；1991；1994；Yu, 1995）。

生活習性

　　可在多種作物、樹木上取食白粉菌，但有時也取食其他小蟲。

分布

　　臺灣（廣泛分布）：陝西、河北、山西、浙江、湖南、福建、廣東、廣西、四川、雲南；日本、韓國。

▶雌、雄斑紋近似，前胸背板的 2 枚黑斑中央有一個「Y」字形的淡褐色斑。

142

素菌瓢蟲在臺灣另有一種陝西素菌瓢蟲，外觀與本種不容易分辨，本種體型較小，近翅端收窄，分布的海拔較低，在 1400 公尺處兩種混生；陝西素菌瓢蟲體型較寬大，近翅端較圓，主要分布於中、高海拔山區。

黃瓢蟲取食白粉菌，棲息多種植物，通常在背面有霧狀白粉菌的桑葉上可發現黃瓢蟲的蹤影，甚至有卵、幼蟲和蛹群聚。筆者家鄉門前有一棵桑樹，在每年 4 月果實成熟時，茂密的葉間可以找到很多黃瓢蟲，從 12 月到隔年的春季數量最多，7~9 月反而少見，除了桑葉外，山黃麻、構樹、玉米、破布子的葉背也會出現，不過還是以桑葉上數量最多且最容易找到。

▲卵白色。

▲幼蟲黃色體背具黑色斑點。

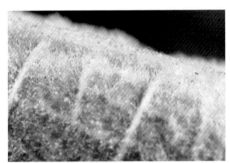
▲山黃麻葉背上的白粉菌。

▲幼蟲棲息葉背以菌為食。

▲黃瓢蟲交尾。

▲黃瓢蟲產卵。

▶黃瓢蟲的蛹出現在螳螂的螵蛸上。

▼頭部及前胸背板白色，頭部後緣有一條黑褐色橫紋，前胸背板後緣有2枚黑色斑，中間具葉狀的模糊狀斑紋。

相似種比較

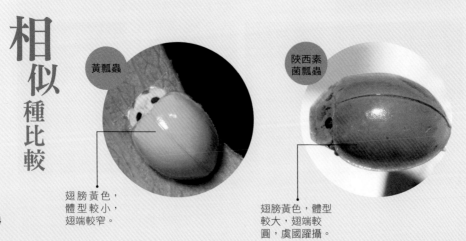

黃瓢蟲

翅膀黃色，體型較小，翅端較窄。

陝西素菌瓢蟲

翅膀黃色，體型較大，翅端較圓，虞國躍攝。

備 註

僅有一筆紀錄（Yu, 1995）。

體黃色或乳白色，鞘翅上沒有斑紋。

陝西素菌瓢蟲
Illeis shensiensis Timberlake, 1943

模式產地：中國（陝西）

體型 L：5.0~6.0mm
W：3.5~4.0mm 食性

形態特徵

　　分布於中、高海拔地區，取食多種白粉菌。成蟲具趨光性。

生活習性

　　體黃色或乳白色，鞘翅上沒有斑紋，前胸背板基部常具 2 個黑斑，加上透過前胸背板的黑色複眼，粗看前胸具 4 個黑斑。同柯氏素菌瓢蟲，但幼蟲和蛹有所不同。

分布

　　臺灣（嘉義）：河北、河南、陝西、湖北、福建、廣西、海南、雲南。

　　陝西素菌瓢蟲個體較大，體較寬圓，鞘翅後半部分亦較圓，外形上與同屬其他種較難區分，但牠分布於中、高海拔地區，如採自阿里山的標本為陝西素菌瓢蟲。取食多種白粉菌，成蟲具趨光性。

▲幼蟲，虞國躍攝。

▲蛹，虞國躍攝。

橫帶新紅瓢蟲
Singhikalia subfasciata Miyatake, 1972

特有種

體型	L：8.0~8.1mm
	W：6.7~6.8mm

模式產地：臺灣（臺東）

形態特徵

　　寬卵形，體背披毛。體背紅褐色，前胸背板具 2 個黑斑。兩鞘翅上共有 10 斑，每一鞘翅上呈 2-2-1-1 排列，其中鞘翅 2 / 5 處 2 個斑，橫向，不與鞘縫或翅緣相連，獨立或連成橫帶；下一條橫帶不與鞘縫或翅緣相連；端斑位於近翅端，與另一鞘翅組成一個共同斑，與鞘縫相接，接近翅端。小盾斑可消失。

生活習性

　　尚不知其食性。

分布

　　臺灣（臺東、南投）。

備註

僅 2 筆紀錄（Miyatake, 1972；虞國躍，2010）。

　　橫帶新紅瓢蟲在瓢蟲系統分類上相當具有價值。原來瓢蟲亞科的種類其體表均是光滑無毛的，但新紅瓢蟲屬的瓢蟲體表具毛，與常見的植食性瓢蟲一樣。從上顎的結構上看牠們應是捕食性，目前對於牠們的食性等生物學一無所知。

▲前胸背板具 2 個黑斑。

盔唇瓢蟲亞科
Chilocorinae

　　盔唇瓢蟲亞科的最大特點是唇基較大，向兩側伸展於複眼之前，並蓋住觸角基部，因此觸角著生在頭部的腹面，短，7～10 節。

　　體小到中型，體長約在 1.5～7.0mm 之間。體卵圓形、卵形或心形。本亞科的瓢蟲多捕食介殼蟲，頭部唇基的延展是為了適應捕食蚧蟲，用以掀開介殼。某些種屬取食蚜蟲，但仍保留了唇基擴展的特點。

體背黑色具光澤，翅膀左右各有 2 枚紅色星斑。

阿里山唇瓢蟲
Chilocorus alishanus Sasaji, 1968

模式產地：臺灣（嘉義）

體型 L：3.4~4.0mm　食性
W：2.7~3.2 mm

形態特徵

　　體短卵形，背面高度拱起。體背黑色，光亮。每一鞘翅近基部的 2 / 5 處具 2 個橫向排列的紅斑，圓形或長卵形，內斑稍大於外斑，或兩斑大小相近。腹面包括足黑色，但腹部橘黃色。

生活習性

　　分布在中、高海拔山區（海拔 1200~3050 公尺），數量較少，捕食盾蚧。

分布

　　臺灣（嘉義、南投、新竹）；雲南。

　　本屬 2 種，分類於盔唇亞科。阿里山唇瓢蟲體型小，黑色，翅膀有 4 枚紅色星斑。剛開始認識瓢蟲會細數鞘翅上的星斑，像赤星瓢蟲、六星瓢蟲、九星瓢蟲等，然而阿里山唇瓢蟲卻不叫四星瓢蟲，也不一定出產於阿里山，因而要熟記這些瓢蟲的名字不容易，若能了解分類歸屬更好。

　　本種於 5 月和 10 月有紀錄，外觀近似臺灣唇瓢蟲，但其翅膀只有 2 枚紅色星斑，此外牠還有多種近似的星斑，如赤星瓢蟲、八斑盤瓢蟲、四星豔瓢蟲等，不過從觸角較短、唇基向前及側面延伸，鞘翅上具 2 個橫向排列的紅斑可與其他瓢蟲區分。

相似種比較

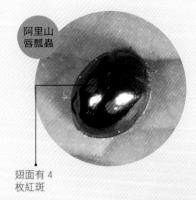

阿里山唇瓢蟲

翅面有 4 枚紅斑

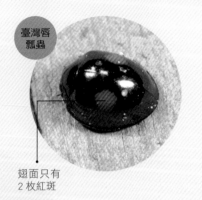

臺灣唇瓢蟲

翅面只有 2 枚紅斑

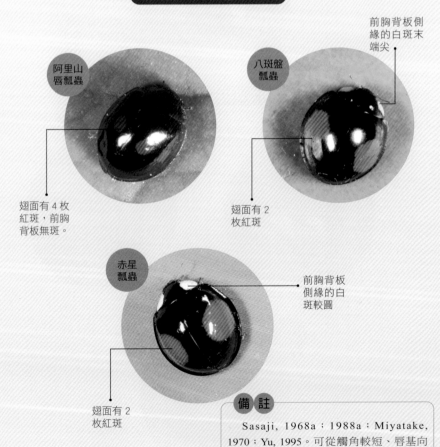

阿里山唇瓢蟲

翅面有 4 枚紅斑，前胸背板無斑。

八斑盤瓢蟲

前胸背板側緣的白斑末端尖

翅面有 2 枚紅斑

赤星瓢蟲

前胸背板側緣的白斑較圓

翅面有 2 枚紅斑

備　註

Sasaji, 1968a；1988a；Miyatake, 1970；Yu, 1995。可從觸角較短、唇基向前及側面延伸和鞘翅上具 2 個橫向排列的紅斑來與其他瓢蟲區分。

149

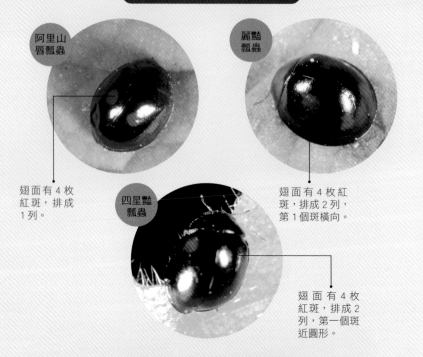

與小豔瓢蟲亞科斑型近似的比較

阿里山
唇瓢蟲

麗豔
瓢蟲

四星豔
瓢蟲

翅面有 4 枚
紅斑，排成
1 列。

翅面有 4 枚紅
斑，排成 2 列，
第 1 個斑橫向。

翅面有 4 枚
紅斑，排成 2
列，第一個斑
近圓形。

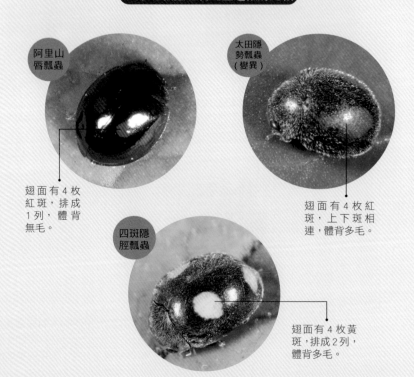

與小毛瓢蟲亞科斑型近似的比較

阿里山
唇瓢蟲

太田隱
勢瓢蟲
(變異)

四斑隱
脛瓢蟲

翅面有 4 枚
紅斑，排成
1 列，體背
無毛。

翅面有 4 枚紅
斑，上下斑相
連，體背多毛。

翅面有 4 枚黃
斑，排成 2 列，
體背多毛。

翅端窄於翅肩。

臺灣唇瓢蟲
Chilocorus shirozui Sasaji, 1968

模式產地：臺灣（南投、嘉義、宜蘭）

 特有種 | 體型 | L：3.9~4.6mm
W：3.3~3.9mm | 食性

形態特徵

體心形。體背面黑色，光亮。鞘翅近中部具一紅色圓斑。

生活習性

常見於中、低海拔山區，阿里山也有分布，捕食盾蚧，有時可見捕食蚜蟲等。

分布

臺灣（臺北、新北市、宜蘭、嘉義、南投、高雄）。

 備 註

有幾筆紀錄（Sasaji, 1968a；1988a；1994；Miyatake, 1970；Yu, 1995）。

本屬共有 3 種。臺灣唇瓢蟲體背黑色，左右翅各有 1 枚紅斑，斑型近似赤星瓢蟲，但本種前胸背板沒有白斑；另牠也與紅星盤瓢蟲的雌蟲（特別鞘翅上紅斑較小時）近似，但本種翅端較窄，紅斑較小；後者體較圓，觸角較長，兩眼距約等於眼寬。主要特徵如下：

①前胸背板黑色無斑。

②翅面具光澤紅斑較小。

③兩眼間距等於眼寬。

④翅端窄於翅肩。

2011 年 3 月筆者於新北市樹林和新店發現群聚的幼蟲和密布介殼蟲的環境，將蛹帶回家不久羽化，剛羽化黃褐色無斑，成蟲 3~12 月低、中海拔可見。

151

▲幼蟲體側具刺毛。

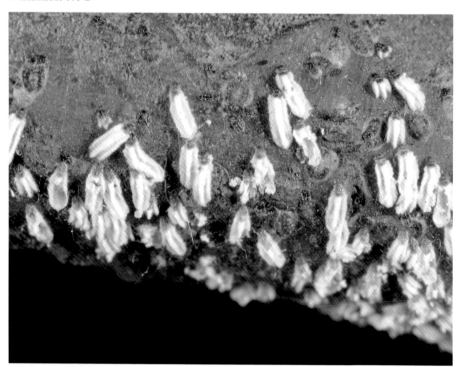

▲成蟲、幼蟲取食介殼蟲。

◀蛹黑色。

▲剛羽化鞘翅黃色不具紅斑。

相似種比較

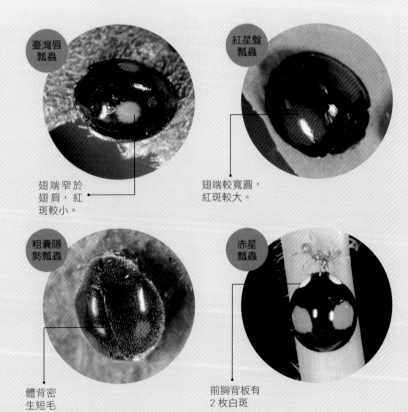

臺灣唇瓢蟲
翅端窄於翅肩，紅斑較小。

紅星盤瓢蟲
翅端較寬圓，紅斑較大。

粗囊隱勢瓢蟲
體背密生短毛

赤星瓢蟲
前胸背板有2枚白斑

153

鞘翅淺黃棕色，兩鞘翅上共有 3 條在翅基相連的黑色縱紋，虞國躍攝。

寬紋縱條瓢蟲
Brumoides lineatus (Weise, 1885)

■ 模式產地：緬甸

體型 | L：2.3~2.5mm | 食性
W：1.8~2.0mm

形態特徵

體卵圓形。雄性頭黃棕色，頭頂黑色，雌性全部黑色。前胸背板褐色或黃棕色，有時中基部黑褐色。小盾片黑色。鞘翅淺黃棕色，兩鞘翅上共有 3 條在翅基相連的黑色縱紋，鞘縫處的黑紋在伸達翅端前變窄，兩側的黑縱紋明顯寬於內側的黃色縱紋。

生活習性

記載捕食粉蚧。

分布

臺灣（屏東、高雄）；福建、廣東、廣西、香港、海南；沖繩、緬甸、泰國、尼泊爾、孟加拉、印度、斯里蘭卡。

寬紋縱條瓢蟲多生活於低海拔水生和水邊環境的植物上，捕食蚜蟲（如大豆蚜）和粉介殼蟲，一年可發生 4 代，成蟲壽命較長，新羽化的成蟲可生活到次年春季。卵單產，或 2~3 粒在一起。幼蟲體表具枝刺，不覆蓋白色蠟粉（絲）。食物缺乏時，幼蟲會相互殘殺。

備 註

有 2 筆紀錄（Yang et Wu, 1972；Sasaji, 1988a）。

154

前胸背板褐色。

長縱條瓢蟲
Brumoides ohtai Miyatake, 1970
模式產地：臺灣（臺北）

體型 L：2.7~2.9mm 食性
W：1.6~1.9mm

形態特徵

體長卵形，體背拱起較弱，鞘翅兩側近於平行。雌性頭部黑色，雄性棕色，頭頂黑色。前胸背板褐色。小盾片棕色。鞘翅黃白色，共有 3 條黑色縱條，寬度相似，均伸達翅端的 1／7；兩條紋間的黃白色縱條近於平行，在近翅端稍收窄。

生活習性

分布於低海拔地區，數量較少，可能捕食粉蚧。

分布

臺灣（臺北）；日本、韓國。

長縱條瓢蟲分布於低海拔地區，數量較少。對牠的生物學瞭解不多，習性應與上一種寬紋縱條瓢蟲相近。從體長形、黑縱條與黃縱條的寬度相近可與寬紋縱條瓢蟲區分。

備註

僅有 1 筆紀錄（Miyatake, 1970）。

▲鞘翅黃白色，共有 3 條黑色縱條。

鞘翅後側近端部具暗紅棕褐色分布，各腳黃褐色。

長崎寡節瓢蟲
Telsimia nagasakiensis Miyatake, 1978

模式產地：日本

體型	L：1.5~1.9mm	食性
	W：1.2~1.4mm	

形態特徵

體型小，黑至漆黑色的種類。體短卵，半球形。頭棕色。前胸背板黑色，前緣及側緣暗紅棕色。鞘翅的後側部有時暗紅棕色。體黑色，鞘翅上的毛排列簡單，不呈「S」形，和體背刻點粗密。足紅褐色或黃褐色。

生活習性

分布於低海拔山區，捕食盾蚧。

分布

臺灣（臺北、嘉義）：日本、南韓。

備註

僅有 2 筆紀錄（Yu, 1995；Yu & Wang, 1999c）。

長崎寡節瓢蟲分類於寡節瓢蟲屬，本屬有 5 種，外觀近似小毛瓢蟲亞科的方瓢蟲屬，方瓢蟲屬有 15 種斑型頗為相似，因而不容易辨識。本屬據虞博士的描述，體小，披毛，腹部可見腹板 5 節，觸角短 7 節，額稍小於頭寬的一半約 3：7，鞘翅毛排列簡單，與小毛瓢蟲亞科的方瓢蟲屬相較，其鞘翅毛呈「S」形排列。

這類黑色披毛的小瓢蟲在野外相當常見，但肉眼不容易區分，因此在不取樣的情況拍攝照片時，儘可能記錄下各種角度以便於鑑定種別。

▲本種寡節瓢蟲屬的幼蟲，體背密生長條狀蠟絲。

▲棲息環境密生某種盾介殼蟲。

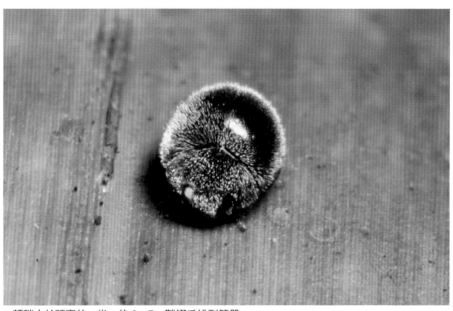

▲額稍小於頭寬的一半，約 3：7，鞘翅毛排列簡單。

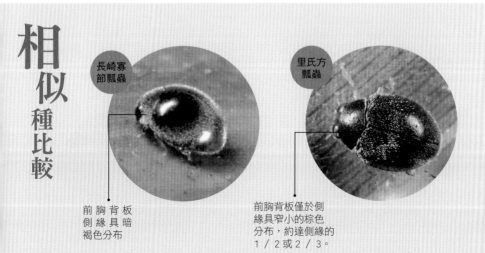

相似種比較

長崎寡節瓢蟲

前胸背板側緣具暗褐色分布

里氏方瓢蟲

前胸背板僅於側緣具窄小的棕色分布，約達側緣的 1／2 或 2／3。

體背幾乎全黑色。

黑背寡節瓢蟲
Telsimia nigra (Weise, 1879)
模式產地：日本

體型	L：1.5~2.1mm	食
	W：1.2~1.6mm	性

形態特徵

　　體卵圓形，近於半球形拱起，體背幾乎全黑色（有時全體呈褐色），密披白色細毛。頭長寬相近，複眼較小，眼距稍大於頭寬之半；唇基黃棕色，很窄。腿節膝黑色，稀紅棕色。

生活習性

　　分布於中海拔山區，捕食盾蚧。

分布

　　臺灣（臺北、嘉義）；日本、南韓。

備註

　　有 3 筆紀錄（Yang et Wu, 1972；Miyatake, 1978 b；Yu, 1995）。

　　黑背寡節瓢蟲分布於中海拔山區，對牠的生物學瞭解不多。這屬瓢蟲的幼蟲體背具有白色蠟絲條（兩體側各有 11 條），主要捕食盾介殼蟲，1 年可發生多代。

　　本種體長形，與小毛寡節瓢蟲 *Telsimia scymnoides* 相近，但後者前胸紅棕色，翅端約 1 / 2 紅棕色。

▲體卵圓形，近於半球形拱起。

體態寬廣，翅膀左右各有 3 枚黃白色大斑。

六星廣盾瓢蟲
Phymatosternus babai Sasaji, 1988

模式產地：臺灣（屏東、桃園）

特有種 體型 L：2.7~3.1mm W：2.2~2.5mm 食性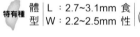

形態特徵

　　體半球形，體背披毛。頭深褐色。前胸背板深褐色，兩側具黃白色大斑。鞘翅黑褐色，每一鞘翅上具 3 個黃白色斑，呈 2-1 排列，前兩斑常常相連。

生活習性

　　分布於低、中海拔山區，捕食蚜蟲。

分布

　　臺灣（臺北、桃園、花蓮、屏東）。

　　僅有 2 筆紀錄（Sasaji, 1988a；Yu, 1995）。

　　六星廣盾瓢蟲體背多毛，外觀近似小毛瓢蟲，但本種體態較寬廣，體長一般大於 2.7mm，分類於盔唇瓢蟲亞科，由於斑紋特殊，因此相當容易區分。本亞科最大特徵是唇基較大，向兩側伸展於複眼之前，並蓋住觸角基部，觸角著生於頭部下的腹面。2008 年 4 月筆者於天祥山區的草叢裡發現，翅背黑色密生短毛，左右各有 3 枚黃白色大斑，第 1 列大斑 2 枚，第 2 列斑於翅端略橫長，不達翅緣，網路上有朋友也曾拍過，記錄於宜蘭，同樣在 4 月分。幼蟲捕食蚜蟲但數量稀少，無法有更詳細的生活史觀察。

體態寬廣，翅膀左右各有 2 枚黑色大斑。

四斑廣盾瓢蟲

Platynaspidius maculosus (Weise, 1910)

模式產地：中國（福建）

同物異名：*Platynaspis maculosa* Weise, 1910

體 L：2.6~3.1mm 食
型 W：2.0~2.4 mm 性

形態特徵

體近於圓形。頭部雄性黃色，雌性黑色。前胸背板黑色，兩側具黃褐色邊緣。鞘翅黃至黃棕色，鞘縫黑色，在基部 1 / 3 處縫黑紋膨大，每一鞘翅具前後 2 個黑斑。有時鞘翅全黑，肉眼仍能看到 4 個黑斑（黑斑上的毛為黑色）。

生活習性

分布於平地至低海拔山區（~1000m），生活在雜草（特別是菊類植物）、果樹（如柑橘）等，取食多種蚜蟲（橘蚜、棉蚜等）等；幼蟲可捕食有螞蟻看護的橘蚜，然而螞蟻並不攻擊。

分布

臺灣（臺北、新北市、南投、臺中、高雄）；陝西、江蘇、湖北、福建、廣西、廣東、香港、海南、貴州；越南。

備 註

有幾筆紀錄（Korschefsky, 1933；姚善錦等, 1972；Sasaji, 1988a；1992；1994；Yu, 1995）。

　　本種分類於廣盾瓢蟲屬，其中有三種外觀較為近似，體近圓形，頭胸部寬大，前胸背板黑色或黑褐色，側緣具斑，三個物種中又以六星廣盾瓢蟲分布海拔較高，其餘 2 種生活於低海拔山區，以蚜蟲為食。

　　四斑廣盾瓢蟲筆者只見過一次，發現於步道的草叢，通常牠在陽光下較為敏感。本種尚有黑色型，鞘翅黑色，但仍可看見 4 枚不明顯的黑斑，斑上的毛黑色，希望未來有機會能記錄到牠。

▲四斑廣盾瓢蟲，黑色型，虞國躍攝。

▲幼蟲，體扁，褐色，虞國躍攝。

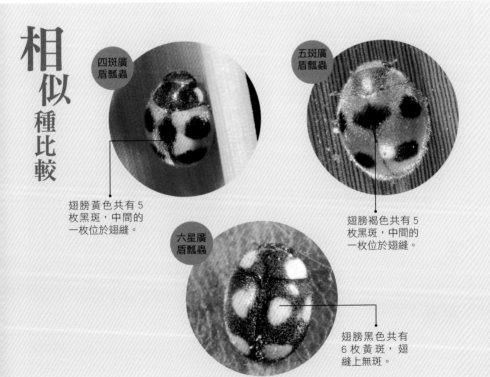

相似種比較

四斑廣盾瓢蟲

翅膀黃色共有 5 枚黑斑，中間的一枚位於翅縫。

五斑廣盾瓢蟲

翅膀褐色共有 5 枚黑斑，中間的一枚位於翅縫。

六星廣盾瓢蟲

翅膀黑色共有 6 枚黃斑，翅縫上無斑。

五斑廣盾瓢蟲形態寬廣，與食植性瓢蟲較狹長的體型不同。

五斑廣盾瓢蟲

Platynaspidius quinquepunctatus Miyatake, 1961

模式產地：臺灣（臺北）

特有種

體型	L：2.8mm	食
	W：2.2mm	性

形態特徵

　　寬卵形，披灰白色毛，黑斑上毛紫褐色。體背黃褐色。前胸背板中央具一個大黑斑，伸達前緣。兩鞘翅上具 5 個黑斑，鞘縫線黑色。

生活習性

　　分布低海拔地區，會於禾本科植物上捕食蚜蟲等。

分布

　　臺灣（臺北、新北市、桃園、南投、高雄）。

備 註

　　有幾筆紀錄（Miyatake, 1961；Sasaji, 1986；1988a；1994）。

▲唇基特別寬大。

　　五斑廣盾瓢蟲，筆者於 2、4、7 月在土城山區有過 3 次記錄，每次都獨棲於禾本科植物上但不見較多的個體。體背褐色，前胸背板中央有 1 枚黑色的方塊大斑，翅膀含翅縫上的 1 枚共有 5 枚黑斑，體披短毛，一眼就能認出與小毛瓢蟲、食植瓢蟲不一樣。

　　本種分類於盔唇瓢蟲亞科，頭部前方的唇基特別寬大，雖然見過 3 次但都在無意中發現，若刻意尋找恐怕不是那麼容易，不像茄二十八星瓢蟲，只要找到寄主植物龍葵就有機會看到牠。本屬有 3 種，本種為臺灣特有種，斑型近似小毛瓢蟲亞科的五斑方瓢蟲，但其前胸背板常無斑，翅縫上不具黑色細紋。

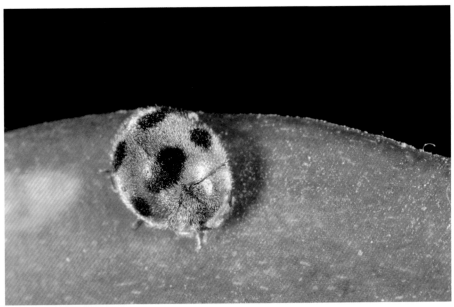

▲兩鞘翅上具 5 個黑斑。

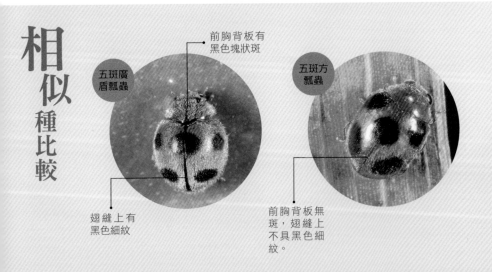

相似種比較

前胸背板有黑色塊狀斑

五斑廣盾瓢蟲

五斑方瓢蟲

翅縫上有黑色細紋

前胸背板無斑，翅縫上不具黑色細紋。

163

食植瓢蟲亞科
Epilachninae

　　身體中至大型，通常在 4 ～ 12mm，體背披毛；觸角著生處較近於兩複眼之間，而不在複眼之前；上顎多數無基齒，末端分裂為 3 個端齒。

　　食植瓢蟲為植食性，成蟲和幼蟲取食植物葉片的葉肉而留下表皮。不同的瓢蟲具有不同的寄主植物，多以茄科、葫蘆科、菊科等植物為主，也有取食其他如豆科、禾本科等植物。由於不少農作物如瓜類、茄類屬於該科，因此有時當食植瓢蟲大量發生時，會成為這類農作物的害蟲。

　　大多數食植瓢蟲鞘翅上的斑紋均按一定的模式演變而來，因而不少種類的斑紋很接近，有時還難以區分，對於這些瓢蟲的鑑別需借助於其他特徵（特別是雄性外生殖器）。

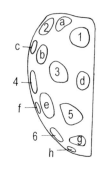

164

翅縫第一個斑三角形，端部尖，張文良攝。

齒葉裂臀瓢蟲
Henosepilachna processa (Weise, 1908)

模式產地：印度

同物異名：*Epilachna Wissmanni* ab. *processa* Weise, 1908

體型	L：8.5~9.9mm	食性
	W：6.9~8.1mm	

形態特徵

體心形，體背披厚毛，光澤不明顯。體背褐紅色。前胸背板從無斑到 7 個不明顯的斑，有時幾個斑相連。鞘翅上有 6 個基斑，此外常有 1~8 個變斑。基斑和變斑大小不一。偶爾基斑相連：1+2 和 3+4，或 3+4 和 5+6。

生活習性

分布於中、低海拔山區。

分布

臺灣（臺北、南投、嘉義、臺南、高雄、屏東）；雲南：印度、泰國、越南、緬甸、新加坡、馬來西亞。

齒葉裂臀瓢蟲分布於中、低海拔山區，數量較少，對於寄主植物、幼蟲形態等資訊目前還不清楚。從體大心形、體背披厚毛，光澤不明顯，可與其他植食性瓢蟲區分。

▲翅鞘各斑分離，陳榮章攝。

翅膀左右各有 12 枚黑斑，主要分布於蘭嶼。

蘭嶼茄十二星瓢蟲 / 波氏裂臀瓢蟲

Henosepilachna boisduvali (Mulsant, 1850)

模式產地：澳大利亞

體型 | L：5.9~7.9 mm
W：5.0~6.5mm

食性

同物異名：*Epilachnaindica*:Miwaetal., 1932 (nec. Mulsant, 1850)
　　　　　Epilachnaboisduvali Mulsant, 1850。

形態特徵

　　體卵圓形，背面強烈拱起。背面淡褐紅色。前胸背板無斑，稀有 1 個不明顯黑斑。鞘翅上各有 6 個黑斑；3 斑比 1 斑和 5 斑遠離鞘縫，3 斑和 5 斑離鞘縫的距離相近；3 斑常卵形，端部指向鞘縫；4 斑近於圓形，接近翅緣，或橫向拉長，與翅緣相接。

生活習性

　　取食龍葵等茄科植物，文獻紀錄取食毒瓜 D*iplocyclos palmatus*。

分布

　　臺灣（南投、嘉義、高雄、屏東、花蓮、蘭嶼）；廣東；琉球、越南、菲律賓至澳大利亞。

 備註

　　有幾筆紀錄（Miwa et al., 1932：Li et Cook, 1961：Sasaji, 1986：1988a：1991）。

　　蘭嶼茄十二星瓢蟲外觀近似茄十二星瓢蟲和茄二十八星瓢蟲的十二斑型，分辨的要領除了翅斑大小位置外，還可參考分布地區，本種主要分布蘭嶼和東部山區，在北部不容易看到。

　　在臺灣要分辨這 3 種近似的斑型確實很不簡單，本書物種說明有詳細的描述可研究一下，但對初學來說最簡單的方法還是看環境，茄二十八星瓢蟲群聚性強，茄十二星瓢蟲則獨棲或零星出現，而蘭嶼茄十二星瓢蟲出現地以蘭嶼和花東地區最普遍。

▶常見於龍葵等寄主植物，取食葉片。

▲分布於花蓮山區的個體。

相似種比較

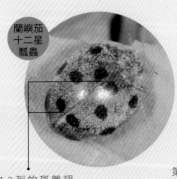

蘭嶼茄十二星瓢蟲

第 1~3 列的斑離翅縫較近，兩斑距離小於斑的長距。

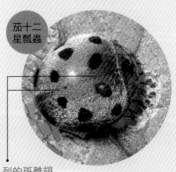

茄十二星瓢蟲

第 1~3 列的斑離翅縫較遠，兩斑距離大於斑的長距。

167

前胸背板有 1 枚穩定的黑斑或無。

茄十二星瓢蟲 / 鋸葉裂臀瓢蟲

Henosepilachna pusillanima (Mulsant, 1850)

模式產地：爪哇

體型	L：6.9~8.4mm
	W：5.5~6.7mm

食性

形態特徵

　　體卵圓形，背面強烈拱起。背面褐紅色。前胸背板無斑或有 1~4 個不明顯黑斑。鞘翅上有 6 個基斑；6 斑最大，4 斑次之，橫向，與鞘縫相連；1 斑和 5 斑離鞘縫的距離相等；3 斑比 1 斑和 5 斑遠離鞘縫；2 斑常近翅基而遠翅緣；6 斑靠近翅緣。有時可出現 8 個變斑，即鞘翅上共 28 個黑斑，或是只出現 1 個 h 斑。

生活習性

　　主要分布於低海拔山區，數量不多，可取食多種植物，如大苞栝樓、紅瓜等。

分布

　　臺灣（桃園、嘉義、花蓮、高雄、屏東、新北市）；海南、廣西、雲南；印尼、泰國、越南、印度、菲律賓。

　　有幾筆紀錄（Li et Cook, 1961；龐雄飛等，1979；Sasaji, 1988a；Jadwiszcak, 1989）。

本屬共 9 種，本種普遍分布於低海拔山區，在北部 8~12 月較多見。

茄十二星瓢蟲和茄二十八星瓢蟲的十二斑型最難分辨，因為這兩種棲息地和寄主植物重疊，曾見以刺茄寄主的植物上有這兩種瓢蟲，不過還沒見過混棲的情形，而茄十二星瓢蟲也不會寄主龍葵。

從外觀來說一般看前胸背板，茄十二星瓢蟲前胸背板 1 枚或無斑，而茄二十八星瓢蟲通常有 4~8 枚細小的黑斑；本種鞘翅近翅縫的 1 斑和 5 斑與相對翅膀的距離較遠，距長約大於斑點的直徑，茄二十八星瓢蟲 1 斑和 5 斑與相對翅膀的距離較近或相連，不過即使熟背這些特徵，但當碰到變異的斑型時還是讓人摸不著頭緒。除此之外，該種也與蘭嶼茄十二星瓢蟲相近，本種 3 斑圓形，遠離鞘縫，距離通常明顯大於斑的直徑；後者 3 斑通常橫置，與鞘縫較近，距離通常小於斑的長徑。

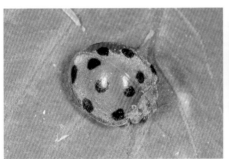

▲茄十二星瓢蟲，前胸背板有 1 斑和無斑，鞘翅於翅縫上的 1 斑和 5 斑與相對翅斑的距離較寬長。

▲茄二十八星瓢蟲的 12 型，前胸背板有 4~8 枚細小的黑斑，鞘翅於翅縫上的 1 斑和 5 斑與相對翅斑的距離較窄或相連。

▲寄主刺茄取食葉肉。

前胸背板有 7 個斑，有時斑相連，虞國躍攝。

馬鈴薯瓢蟲

體型 L：6.6~8.2 mm　食性
W：5.3~7.1mm

Henosepilachna vigintioctomaculata (Motschulsky, 1857)

模式產地：日本

形態特徵

　　寬卵形。體背紅褐色或紅黃色。前胸背板具 7 個斑，有時幾個斑相連。鞘翅斑紋多變，鞘翅六斑型時，2 斑獨立，或與 1 斑相連，1 斑和 5 斑與另一鞘翅上的對應斑組成縫斑，1 斑與 3 斑相連，4 斑與 5 斑相連，6 斑與 5 斑相連，在鞘縫的中央形成一個近方形的棕色斑，有時 4 斑與 6 斑在側緣相連，圍成另一個近方形棕色斑。

備　註

　　僅 1 筆紀錄（Li et Cook, 1961），標本來自基隆。經檢的 4 頭標本來自臺北和南投，這裡提供一張典型的 28 星型圖片。

生活習性

　　已記錄馬鈴薯、茄、番茄、枸杞、龍葵、曼陀羅、裂瓜等為寄主植物。

分布

　　臺灣（基隆、臺北、南投）；中國大陸廣泛分布；日本、西伯利亞、越南。

　　馬鈴薯瓢蟲是中國大陸（主要在北方）常見的一種植食性瓢蟲，寄主植物有馬鈴薯、茄、龍葵、菜豆等，鞘翅上常常呈 28 星型；幼蟲體上的枝刺較為粗短，1 年可發生 1~2 代，不過在臺灣數量較少，且鞘翅上的斑紋相連，還未發現有 28 星型。

▲鞘翅斑紋多變，臺灣出現的個體翅縫中央有一個方形密閉空間，May 攝。

變異個體

▲鞘翅第一列斑 2 斑分離。

▲鞘翅第一列斑 2 斑相連。

分布於 1200 公尺，第 1 列斑分離，第 2 列斑相連的個體。

半帶裂臀瓢蟲
Henosepilachna subfasciata (Weise, 1923)

體型 L：5.2~6.2mm
W：4.3~5.4mm 食性

模式產地：臺灣（屏東、臺南）

同物異名：*Epilachna semifasciata* Dieke, 1947；*Epilachna indica* ab. *ceylonia*；
Korschefsky, 1933 (nec. Weise, 1901)。

形態特徵

　　體短卵形，披黃白色細毛，在黑斑上披毛為黑褐色。前胸背板無斑，或具 5 個黑斑或褐斑。每一鞘翅上具 6 個黑斑，4 斑橫長，獨立，或與翅緣相連；3 斑橫向，比 4 斑寬和短；1 斑和 3 斑或獨立，或與對應斑相連；有時 1 斑和 2 斑，或 3 斑和 4 斑有一窄條紋相連，或相連。

▲取食雙花龍葵的漿果。

生活習性

　　分布較普遍，寄主植物為雙花龍葵、龍葵等茄科植物。

分布

　　臺灣（廣泛分布）。

備註

　　有不少紀錄（Weise, 1923；Korschefsky, 1933；Dieke, 1947；Li et Cook, 1961；Bielawski, 1965；Sasaji, 1986；1988a；Pang, 1993）。

　　半帶裂臀瓢蟲在辨識上容易和 10 斑型的多種植食性瓢蟲混淆。本種主要特徵為翅膀左右各有 6 枚黑斑，10 斑型只有 5 枚，雖然星斑的大小位置十分近似，但細數翅膀上的黑點還是必要的。雌性第六腹板呈一四方形的內陷，甚為特殊。後基線的外側呈一斜的直線，3 斑橫長，或與 4 斑相連。有時會與茄二十八星瓢蟲的一些斑紋型相近，但後者的 3 斑離鞘縫較遠，較短。

　　半帶裂臀瓢蟲普遍分布於低、中海拔山區，筆者於 3~5 月，9~12 月有多筆紀錄，其取食較雜，曾於 2005 年和 2009 年 9 月同一天在相同的地方拍到，可見環境沒被破壞的話這昆蟲不會輕易離開棲地。

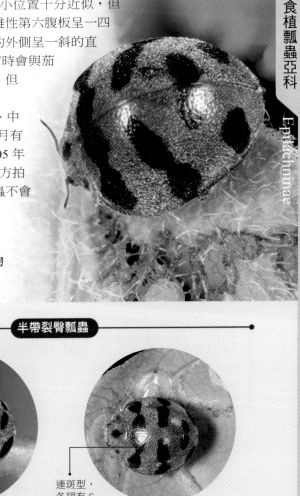

▶第 1 列和第 2 列的 2 斑相連，第 2 列近翅縫的斑橫長，於翅端還有一枚獨立的斜斑。

相似種比較

半帶裂臀瓢蟲

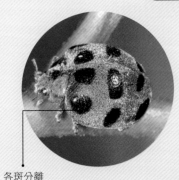

各斑分離

連斑型，各翅有 6 斑。

杜虹十星瓢蟲

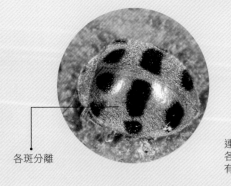

各斑分離

連斑型，各翅只有 5 斑。

173

翅膀 28 枚黑色星斑的個體。

茄二十八星瓢蟲

體型　L：5.3~6.8mm　食
　　　W：4.4~5.6mm　性

Henosepilachna vigintioctopunctata (Fabricius, 1775)

模式產地：印度

同物異名：*Henosepilachna sparsa* (Herbst, 1786)
　　　　　Epilachna vigintioctopunctata (Fabricius, 1775)

形態特徵

　　寬卵形，背面強烈拱起。體背黃褐色。前胸背板從無斑到 7 個斑，3 斑和 4 斑常相連。鞘翅上斑紋多變，從典型的 28 斑，減少至 12 斑，或黑斑相連，背面幾乎全黑。

生活習性

　　寄主有茄科、葫蘆科、豆科等科的多種植物。數量較多，常在龍葵上發現斑紋各異的成蟲，分布可從平地直到海拔 2200 公尺地區。

分布

　　臺灣（廣泛分布）；中國大陸廣泛分布（除黑龍江、吉林至新疆一線）；印度至東南亞一線到澳大利亞。

▶上下列斑相連。

 備註

　　有一些紀錄（Li et Cook, 1961；Sasaji, 1988a；Pang, 1993；Yu & Wang, 1999c）。

174

本屬有 9 種之多，食植性，體色褐色布滿短毛，不具光澤，斑型變異很大，加上許多物種寄主重疊，因此不容易辨識。茄二十八星瓢蟲的 28 型為臺灣瓢蟲中斑點最多的，這些黑斑彷彿國畫裡的苔點縱橫交錯，沒有兩隻是完全一樣，因此筆者喜歡把每一隻瓢蟲都拍攝下來，再經過比對試圖找出變異的脈絡；與其他 28 星瓢蟲相比，本種鞘翅上第二橫排的斑點（cb3d）幾乎是在一條斜線上。一般來說，最常發現的是十二斑和十二斑的變異，其他 28、26、22、18、12 等斑型都有，常見牠於農田、菜園及山區路邊的龍葵、茄科植物寄主，成蟲、幼蟲群聚，全年可見，因此容易觀察到其完整的生活史。

▲寄主龍葵的幼蟲。

▲寄主龍葵的成蟲（28 斑型）。

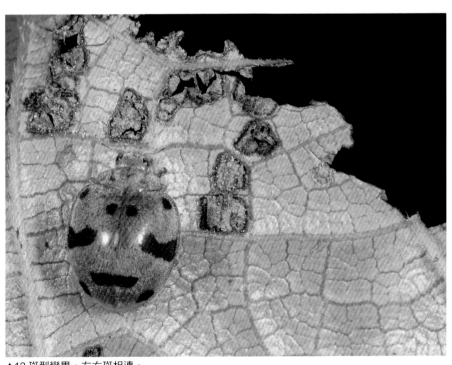

▲12 斑型變異，左右斑相連。

不同斑型交尾

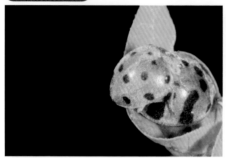

▲12 斑型與連斑的個體交尾。

▲ 12 斑型，雌雄皆連斑的個體交尾。

產卵記實

▲茄二十八星瓢蟲喜歡攝食龍葵和茄子的葉片，幾乎有龍葵的地方就能找到牠們。

▲瓢蟲產卵前會先在葉面鋪上黏液好讓卵粒附著，產卵速度很快，平均每秒產下一粒卵。

▲瓢蟲產完卵立即離開躲到隱密的枝葉裡，留下 37 顆黃色的卵粒等待孵化。

▲28 斑型，各斑分離。

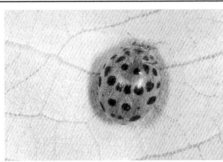

▲26 斑型，各斑分離。

▲22 斑型，各斑分離。

▲20 斑型，各斑分離。

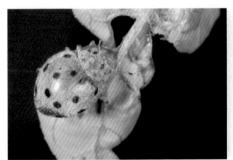

▲12 斑型，各斑分離。

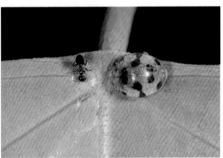

▲12 斑型變異，第 1 列斑於翅縫相連。

▲12 斑型變異，第 2 列斑及翅縫的斑相連。

▲12 斑型變異，第 2 列斑相連。

177

▲12 斑型變異，第 2、3 列斑上下分離。　▲12 斑型變異，第 2、3 列斑上下相連。

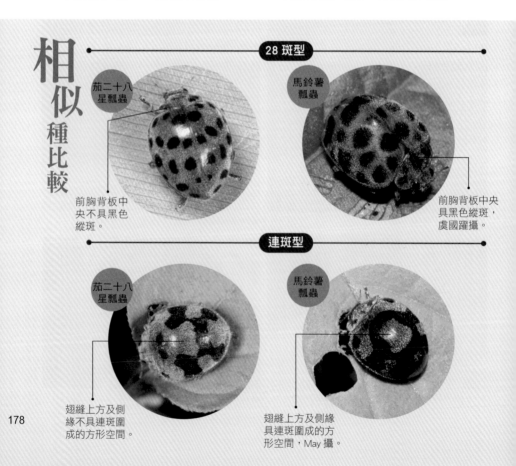

相似種比較

28 斑型

茄二十八星瓢蟲

前胸背板中央不具黑色縱斑。

馬鈴薯瓢蟲

前胸背板中央具黑色縱斑，虞國躍攝。

連斑型

茄二十八星瓢蟲

翅縫上方及側緣不具連斑圍成的方形空間。

馬鈴薯瓢蟲

翅縫上方及側緣具連斑圍成的方形空間，May 攝。

前胸背板的黑斑稍近於前緣。

阿里山崎齒瓢蟲

Afissula arisana (Li, 1961)

模式產地：臺灣（嘉義、南投、臺東）

同物異名：*Afidenta arisana* Li, 1961

 特有種　體型　L：3.8~4.7mm
W：2.8~3.5mm　食性

形態特徵

　　體卵形。體背褐黃色。前胸背板的黑斑稍近於前緣，斑的大小不一。每一鞘翅有 5 個黑斑：1 斑和 3 斑比 6 斑靠近鞘縫；1 斑卵形，明顯長於寬；2 斑接近翅基和側緣，或與它們相連，有時與 1 斑相連；3 斑斜的橫向，內緣後端更接近於鞘縫，有時與鞘縫相連，外緣前角的位置明顯高於 4 斑內緣的前角；4 斑接近或與翅緣相接。

生活習性

　　生活於中、高海拔山區，在海芋上發現。

分布

　　臺灣（嘉義、南投、臺東、高雄）。

　　2009 年筆者在阿里山發現一隻近似咬人貓黑斑瓢蟲，但附近沒有咬人貓，經虞博士鑑定為阿里山崎齒瓢蟲。在相同地方出現 2 種斑型，鞘翅第 2 列斑在翅縫上相連或分離，一部分棲息海芋，一部分在牆角爬行，體色明顯較淡。2000 年 5 月於大禹嶺再次邂逅，棲息咬人貓，由此可知咬人貓也是其取食的寄主植物。阿里山崎齒瓢蟲形態上與咬人貓黑斑瓢蟲頗為相似，但後者體色較深，1 斑長寬相近，或不明顯長，3 斑呈明顯的長方形。

 備註

　　有幾筆紀錄（Li et cook, 1961；Sasaji, 1986；1988a；Yu & Wang, 1999c）。

179

▲2000 年 5 月於大禹嶺再次邂逅，棲息咬人貓。

▲前胸背板的黑色橫斑較發達。

▲鞘翅第 2 列斑在翅縫上擴大相連個體。

相似
種比較

阿里山崎
齒瓢蟲

咬人貓
黑斑瓢
蟲

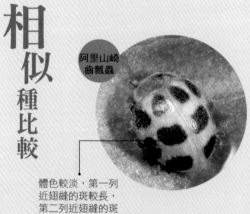

體色較淡，第一列
近翅縫的斑較長，
第二列近翅縫的斑
較寬短或斜向。

體色較暗，第一
列近翅縫的斑較
圓，第二列近翅
縫的斑較狹長。

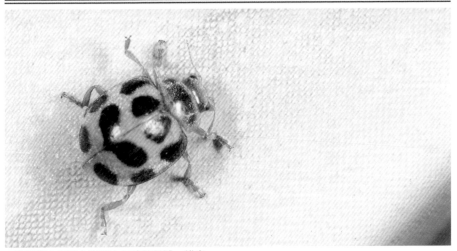

▲鞘翅第 2 列斑在翅縫上相連的個體，雄蟲。

▲腹面。

▲每一鞘翅有 5 個黑斑。

▲腹面。

▲鞘翅第 2 列斑在翅縫上分離的個體，雌蟲。

181

咬人貓黑斑瓢蟲鞘翅左右各有 5 枚黑斑，翅面共有 10 枚。

咬人貓黑斑瓢蟲 / 球端崎齒瓢蟲

Afissula expansa (Dieke, 1947)

模式產地：中國（四川）

同物異名：*Afissa expansa* Dieke, 1947
Epilachna fenchinica Pang, 1993

體型 L：4.0~4.4mm
W：2.9~3.4mm　食性

形態特徵

體卵形，背面披黃白色毛，在黑斑上的毛為黑色。體背褐紅色。前胸背板具 1 大型橫向黑斑，靠近前緣。鞘翅上各具 5 個黑斑，2 斑和 4 斑分別與翅緣相連；3 斑長方形，橫向，稍向前外側方斜，外緣前角的位置明顯高於 4 斑內緣的前角。

生活習性

多分布於中海拔地區（1370~2275 公尺），取食蕁麻（咬人貓）。

分布

臺灣（新竹、嘉義、臺中）；四川、陝西、河南、湖北、湖南、廣東、海南、雲南、貴州。

 備 註

僅一筆紀錄。Pang（1993）依據 2 頭採於嘉義奮起湖的標本，描述了 *Epilachna fenchinica* Pang，應是本種的異名。

咬人貓黑斑瓢蟲普遍分布於低、中海拔山區，以 1000 公尺左右最多，成蟲、幼蟲群聚以咬人貓葉片為食，棲息地隱密自然。咬人貓葉片上布滿如刺的嫩毛，瓢蟲們躲在葉基因而受到安全保護，拍照時不能太靠近，以免因碰觸皮膚而引起刺痛腫脹。

▲幼蟲體背側緣具棘刺，背中央有一條黑色縱紋。

▶咬人貓黑斑瓢蟲寄主的環境，咬人貓葉上有幼蟲棲息。

▲常見咬人貓黑斑瓢蟲成群聚居，躲在葉基。

183

鞘有 6 個斑，各斑獨立，陳榮章攝。

大豆瓢蟲
Afidenta misera (Weise, 1900)

模式產地：斯里蘭卡

同物異名：*Afidenta mimetica* Dieke, 1947

體型 L：4.3~6.0mm 食
　　W：4.3~6.0mm 性

形態特徵

　　體短卵圓形，披毛黃白色，黑斑上的毛為黑褐色。背面褐紅色。前胸背板具 4 個黑斑，排成橫列，或僅有中部 2 個，或全部消失。鞘翅共有 28 個黑斑，有時斑紋減少，只剩每一鞘翅具 6 個基斑。基斑通常不與翅緣或鞘縫相連，但有時 5 斑接近鞘縫。

生活習性

　　取食大豆、豇豆等豆科植物。

　　有 3 筆紀錄（Li et Cook, 1961；Sasaji, 1988a；Jadwiszczak, 1989）。

分布

　　臺灣（廣泛分布）；山東、安徽、福建、廣東、廣西、雲南、西藏；越南、斯里蘭卡、印度、尼泊爾。

▲黑斑上的毛為黑褐色。

中、高海拔山區的個體各斑常呈粗獷的連結，顏色鮮豔。（觀霧）

瓜黑斑瓢蟲／瓜茄瓢蟲

Epilachna admirabilis Crotch, 1874

體型 L：6.5~8.4mm 　食性
　　 W：5.0~6.7mm

模式產地：中國（無具體地點），日本。

同物異名：*Solanophila alternans*: Weise, 1923 (nec. Mulsant, 1850) *S. grayi*: Korschefsky, 1933 (nec. Mulsant, 1850)；*Epilachna admirabilis taiwanensis* Miyatake, 1965。

形態特徵

體短卵形，體背強烈拱起。頭部無斑（罕見有黑斑）。前胸背板無斑，或有一個中央斑，或另有 2 個基斑。每一鞘翅上有 6 個斑，其中 1 斑和 5 斑位於鞘縫；6 個斑多變化，或斑紋擴大相連，組成 3 條橫帶，或 3 條橫帶在鞘縫處相連，或斑紋縮小、減少，甚至無斑紋。

 備 註

有不少採集紀錄（Weise, 1923；Li et Cook, 1961；Sasaji, 1986；1988a；Jadwiszcak, 1989；Pang, 1993）。

生活習性

分布於中、低海拔地區（最高 2130 公尺），取食臺灣馬㪭兒 *Zehneria mucronata* 等植物；文獻紀錄為茄、龍葵、酸漿、苦瓜、南瓜、冬瓜、絞股藍等。

分布

臺灣（廣泛分布）；廣東、湖北、四川、江蘇、浙江、雲南；日本、越南、緬甸。

　　瓜黑斑瓢蟲取食野瓜類，普遍分布於低、中海拔山區，體型碩大，一眼就能區分出與他種食植性瓢蟲的不同。這種瓢蟲斑型變異十分有趣，翅膀左右各有六斑，各斑分離或相連，還能變化出各種不同的造型，像是圓形、菱形、三角形等圖案，彷彿設計師的創作。

　　我們從牠們的翅膀斑紋中能觀察到，一般翅縫上會有 2 個相連的斑，圓形或菱形或上、下列相連，若沒有觀察經驗會誤以為有好多不同種的瓢蟲，但從筆者檔案裡發現中、高海拔的個體斑紋多半會連結，而且粗獷顏色豔；低海拔的個體各斑常分離，橢圓較多。

　　本種外觀近似苧麻十星瓢蟲，兩者翅面斑點數與位置一模一樣，碰到這種情形的話可從體型大小和寄主植物分辨，本種體型較大，通常取食各種野瓜類；此外，當牠鞘翅 6 個斑相接或通過黑帶相連時，又與直管食植瓢蟲相似，不過後者鞘翅基部淺色區呈長形或橫向卵形，不呈縱向或近三角形，可以此作區分。

▲卵附著在寄主莖葉上。

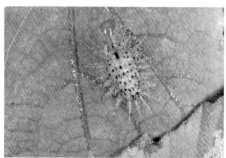

▲幼蟲體背布滿黑色斑點。

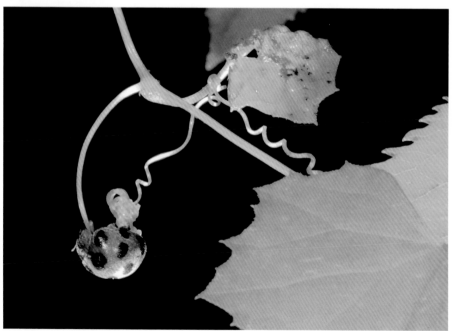

▲低海拔山區的個體各斑常呈圓形分離。（三峽）

▲翅縫近基部只有一枚極細小的斑點，分布於阿里山的個體。

▲群聚寄主植物，近似的斑型數量很多，拍攝到頭部和前腳的特寫。

187

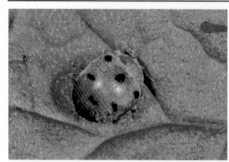

▲各斑皆小且分離。

▲僅有 1 列斑其餘斑點消失。

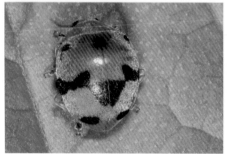

▲第 2 列斑相連。

▲各斑分離，斑點圓形粗大。

▲各斑分離，斑點菱形或橢圓粗大。

▲第 2 列斑相連，斑紋粗獷。

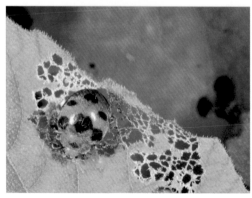

◀第 1 列斑相連。

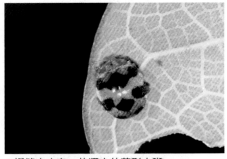

▲翅縫中央的菱形斑達第 3 列。

▲翅縫中央有一枚獨立的菱形大斑。

▲前胸背板的黑色橫斑較發達。

相似種比較

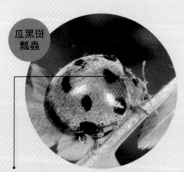

瓜黑斑瓢蟲

左右各有 6 枚斑，
翅縫的斑相連，
上斑常呈水滴狀，
體型較大且圓。

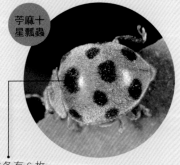

茅麻十星瓢蟲

左右各有 6 枚
斑，翅縫的斑
相連，上斑橢
圓，體型較小
呈卵形。

189

每一鞘翅上具 5 個斑。

中華食植瓢蟲

Epilachna chinensis (Weise, 1912)

模式產地：中國（福建）

體型｜L：4.6~5.3mm｜食
｜W：3.6~3.9mm｜性

形態特徵

　　體卵形，黑斑上毛為黑褐色。前胸背板具 1 個橫向黑斑，近前緣。每一鞘翅上具 5 個斑，1 斑組成縫斑，或不相連，兩斑呈倒「V」字形排列。2 斑接近翅基和翅緣，斜的指向後內方；3 斑橫向，距鞘縫的距離比 6 斑近或相似，3 斑的外緣弧形，3 斑外緣前角的位置不比 4 斑高；4 斑近圓形或近方形，接近翅緣；6 斑不與翅緣或鞘縫相連。

備註

　　3 個採集紀錄（Li et Cook, 1961；Sasaji, 1988a；Pang, 1993）。

生活習性

　　寄主為蕨類的海金砂、茜草科的豬殃殃和蕁麻科的裂葉蕁麻。

分布

　　臺灣（臺北、臺中、嘉義、高雄、臺南、屏東）；陝西、河南、浙江、江西、安徽、湖北、福建、廣東、廣西、貴州、雲南；日本、越南。

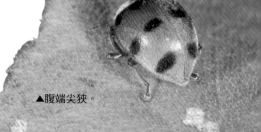

▲腹端尖狹。

　　每一隻瓢蟲對筆者來說都有一段令人懷念的故事，2007 年在陽明山一叢雞屎藤上發現數量不少的瓢蟲，直覺與常見的杜虹十星瓢蟲不一樣，尤其沒見過在雞屎藤寄主的瓢蟲，於是拍了很多照片，直到 2011 年經盧博士鑑定為中華食植瓢蟲後，翻箱倒櫃把斑型近似的瓢蟲都找出來，才發現早在 2004、2006 已拍過。從拍攝紀錄中發現中華食植瓢蟲寄主植物並不只一種，有些寄主在杜虹花和蕨類等，其中以寄主雞屎藤上的族群最為龐大，斑型也較穩定，出現月分以 3~4 月和 9~10 月最多。

　　本種瓢蟲身體呈磚紅色，1 斑與對應斑不相連時，與厚顎食植瓢蟲相似，但後者上顎很寬厚，鞘翅上刻點較粗大，背面也較為光亮，可以此作區分。

▲墾丁個體，寄主杜虹花。

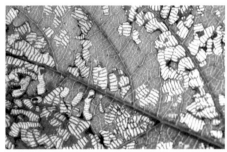

▲群聚的成蟲將葉面咬得千瘡百孔，鏡頭下變成美麗的圖案。

▲陽明山個體，寄主雞屎藤。

相似種比較

中華食植瓢蟲

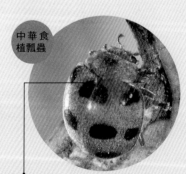

第 1 列近翅縫的斑基部尖窄，兩斑近翅縫，肩斑傾斜柱狀。

杜虹十星瓢蟲

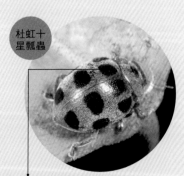

第 1 列近翅縫的斑基部較圓，兩斑遠離翅縫，肩斑三角狀寬大。

外觀近似杜虹十星瓢蟲，但本種第 1 斑橫向。

十一斑食植瓢蟲
Epilachna hendecaspilota (Mader, 1927)

體型	L：5.2~5.4mm	食
	W：4.0~4.2mm	性

模式產地：中國、印度、泰國、緬甸、菲律賓、印尼。

同物異名：*Epilachna flavicollis*: Li et Cook, 1961 (nec. Thunberg, 1781)

形態特徵

體長卵形。背面磚紅色，披黃白色毛，在黑斑上的毛為黑褐色。前胸背板具一個黑斑，近於前緣，有時較小，或不明顯，或消失。鞘翅具 5 個黑斑，獨立，不與翅基、鞘縫或翅緣相連，4 斑的位置接近翅緣，3 斑呈橫向。

生活習性

分布於低海拔山區。

分布

臺灣（臺北、宜蘭、嘉義、臺中、屏東）；斯里蘭卡、印度、泰國、緬甸、越南。

筆者只曾在 2004 年 5 月二格山記錄過十一斑食植瓢蟲，雖然牠的翅面只有 10 斑，卻稱作十一斑食植瓢蟲，或許是前胸背板有 1 枚黑斑之故吧！外觀具 10 斑的食植瓢蟲很多，同種斑型變異也大，要描述各物種的特徵不容易，因此筆者嘗試把 10 斑的近似種排列在一起，借第 1、3 斑的形態和位置來比對，或許對初學者有所幫助。

本種型態上與中華食植瓢蟲相近，但後者兩個 1 斑相連，或呈倒「V」字形；另本種前胸背板黑斑較小。

備 註

3 筆紀錄（Li et Cook, 1961；龐雄飛等, 1979；Pang, 1993）。

相似種比較

十一斑食植瓢蟲

第1斑（第1列近翅縫的斑）略方形橫向。

杜虹十星瓢蟲

第1斑（第1列近翅縫的斑）橢圓，第3斑（第2列近翅縫的斑）寬大橫向。

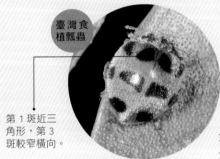

臺灣食植瓢蟲

第1斑近三角形，第3斑較窄橫向。

景星食植瓢蟲

第1斑最寬大及第3斑前後端同寬，兩斑近翅縫。

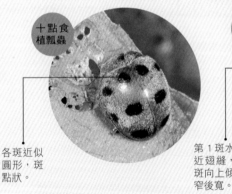

十點食植瓢蟲

各斑近似圓形，斑點狀。

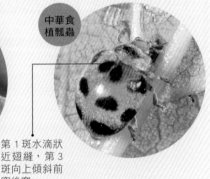

中華食植瓢蟲

第1斑水滴狀近翅縫，第3斑向上傾斜前窄後寬。

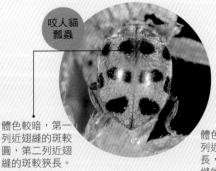

咬人貓瓢蟲

體色較暗，第一列近翅縫的斑較圓，第二列近翅縫的斑較狹長。

阿里山崎齒瓢蟲

體色較淡，第一列近翅縫的斑較長，第二列近翅縫的斑較寬短或斜向。

193

體背紅褐色，翅面有 3 條黑色橫帶貫穿。

直管食植瓢蟲

Epilachna angusta Li, 1961

模式產地：臺灣（嘉義、南投、臺中；臺東）

特有種　體型　L：7.8~8.2mm　食性
　　　　　　　W：5.8~6.2mm

形態特徵

體長卵形，背面棕或黃棕色。前胸背板具大黑斑，近後緣，兩側各有一小黑斑，或斑紋擴大，3 個黑斑相連。鞘翅具 3 條黑色橫帶，均與翅緣及鞘縫相連，並且在翅緣及鞘縫由細黑條將其相連，在鞘縫處黑細條可伸達基部。斑紋可變細，或部分消失，如鞘翅基部的橫帶可消失，前排只剩下肩突處有一個小黑點，中帶不達鞘縫，後排很細。

生活習性

可分布至中海拔山區。

分布

臺灣（嘉義、南投、臺中、臺東）。

直管食植瓢蟲翅膀有 3 條寬形的黑色橫帶貫穿，前胸背板中央有 1 枚大黑斑，左右各有 1 枚小斑，外觀近似清境食植瓢蟲，但本種第一列斑近翅縫端沒有向上突起，而呈橫向與另一翅的橫斑相連。2000 年 2 月筆者在天祥發現牠棲息於薔薇科懸鉤子屬的高粱泡上，可能與取食習慣有關。本屬鞘翅具長條橫帶的不少，與長管食植瓢蟲相較，後者第 2 列橫帶於翅縫上不相連，以杜虹花寄主較多見；此外，直管食植瓢蟲與清境食植瓢蟲也頗為相似，但本種鞘翅基部淺色區較大，近方形，而後者鞘翅基部的淺色區呈三角形。

194

▲前胸背板中央有 1 枚大黑斑，
左右各有 1 枚小斑，虞國躍攝。

▲翅縫上的細縱紋不達翅端，
近翅端橫帶較寬的個體。

備　註

　　有 4 筆紀錄 (Korschefsky, 1933；Li et
Cook, 1961；Sasaji, 1988a；Pang, 1993)。

▲近翅端橫帶較窄的個體，
虞國躍攝。

相似種比較

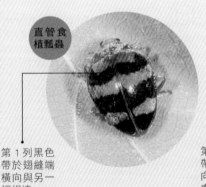

直管食
植瓢蟲

清境食
植瓢蟲

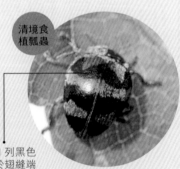

第 1 列黑色
帶於翅縫端
橫向與另一
翅相連

第 1 列黑色
帶於翅縫端
向上尖突，
虞國躍攝。

雙葉食
植瓢蟲

長管食
植瓢蟲

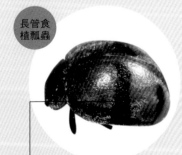

第 1 列斑消失，
第 3 列斑細窄，
虞國躍攝。

第 2 列橫帶
呈長管狀，
虞國躍攝。

195

翅磅上方左右各有 1 枚像大元寶的圖案。

清境食植瓢蟲
Epilachna chingjing Yu et Wang, 1999

模式產地：臺灣（南投）

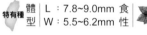

特有種　體型　L：7.8~9.0mm 食　性
　　　　　　W：5.5~6.2mm

形態特徵

　　體長卵形，黑斑上毛為黑褐色。體背磚紅色。前胸背板具 1 個大黑斑，僅周緣淺色，或達基部，或斑紋縮小，兩側具 1 黑色圓斑，與大斑相連。鞘翅上具 3 條橫帶，前帶不與翅基相連，前緣淺色區「V」字形內凹明顯；中帶中部常收縮，甚至分離；後帶接近鞘縫；3 條橫帶不與翅緣或鞘縫相連，或相連，甚至 3 條橫帶在翅緣可由細黑線相連，在鞘縫處只有後 2 條可由細黑線相連。

生活習性

　　分布在中海拔山區，寄主為葫蘆科的瓜類。

分布

　　臺灣（南投、新竹、臺中、花蓮）。

備　註

　　僅 1 筆紀錄（Yu & Wang, 1999a），Korschefsky（1933）曾從阿里山和花蓮港記錄了 *Epilachna acuta*，這些標本可能屬於本種。

清境食植瓢蟲命名乃因模式標本於南投清境而來，這隻瓢蟲很漂亮，尤其翅膀上方左右各有 1 枚像大元寶的圖案最為有趣。外觀近似長管食植瓢蟲第 1 列，1、2 斑相連的個體，端部微微相連；本種 1、2 斑交接面較寬，虞博士於太魯閣拍到一隻變異的個體，左右斑相連，翅縫端呈角狀突起，特徵很像瓜茄瓢蟲，但瓜茄瓢蟲翅縫上通常有 2 枚黑斑相連，可依此區分。本種瓢蟲體型很大，筆者曾在 2003~2009 年間的 7 月和 9 月於桃園爺亨、新竹觀霧、臺中鞍馬山見過 4 次，以及觀察到幼蟲寄主青牛膽等植物，具群居性，局部地區數量普遍。

▲前胸背板中央有 1 枚黑色大斑，近後緣，左右還有 1 枚黑色的小型圓斑。　▲於觀霧拍到的個體。

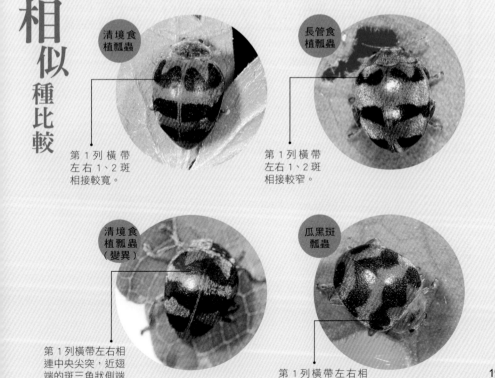

相似種比較

清境食植瓢蟲

長管食植瓢蟲

第 1 列橫帶左右 1、2 斑相接較寬。

第 1 列橫帶左右 1、2 斑相接較窄。

清境食植瓢蟲（變異）

瓜黑斑瓢蟲

第 1 列橫帶左右相連中央尖突，近翅端的斑三角狀側端尖狹，虞國躍攝。

第 1 列橫帶左右相連中央尖突，近翅端的斑橢圓形橫向。

197

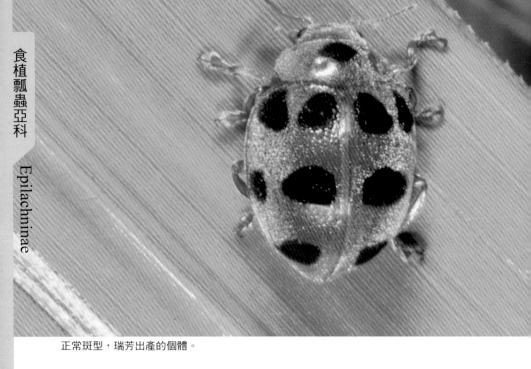

正常斑型，瑞芳出產的個體。

杜虹十星瓢蟲 / 厚顎食植瓢蟲

Epilachna crassimala Li, 1961

特有種

體型 L：5.2~6.5mm　食性
W：3.7~4.4mm

模式產地：臺灣（很多地點，正模宜蘭）

同物異名：*Epilachna cressimala*：龐雄飛等, 1979；任順祥 2009。

形態特徵

　　體卵形。前胸背板黑斑近前緣，偶爾兩側各有一個黑斑。鞘翅有 5 個黑斑，獨立，或 3、4 斑相連呈一橫帶，仍不達兩緣，橫帶離翅緣近而離鞘縫遠，有時 6 斑可變得很小，甚至不明顯。

生活習性

　　分布於低、中海拔山區（最高2400 公尺），數量較多，取食禾本科植物。

分布

　　臺灣（廣泛分布）。

▶腹面。

備　註

　　有一些紀錄（Li et Cook, 1961；Miyatake, 1965；Jadwiszcak, 1989；Yu & Wang, 1999c；龐雄飛等, 1979；任順祥等, 2009）。

　　杜虹十星瓢蟲為臺灣特有種，和景星
食植瓢蟲斑型近似，且都會取食禾本科植
物葉片。在筆者檔案裡發現，分布於低海
拔的杜虹十星瓢蟲以禾本科寄主較多，
在形態特徵上，分布於低海拔的
杜虹十星瓢蟲個體前胸背板都只
有一枚黑斑；而分布中、高海拔山區如太
平山的個體，前胸背板有 3 枚黑斑，中間
較大，兩邊不明 ，不知這差異是否與分布
海拔有所關聯。

　　多樣的瓢蟲世界，難以辨識的身分顯
出牠們的神祕與迷人，本種在辨識上主要
特徵是上顎很厚，從正面看呈長方形、黑
色，稱牠為厚顎食植瓢蟲可說是相當貼切。

▲前胸背板有一枚黑斑，取
　食野桐蜜腺。（三峽）

▲展翅。（貢寮）

▲前胸背板黑斑近前緣，偶爾兩側各有 1 個黑斑。

▲交尾，上雄下雌。

▲前胸背板有一枚黑斑，3、4斑相連，棲息禾本科。（陽明山）

▲前胸背板有一枚黑斑，3斑橫長，取食禾本科。（天祥）

▲前胸背板有一枚黑斑，取食禾本科。（瑞芳）

▲前胸背板有一枚黑斑，棲息禾本科。（土城）

▲前胸背板有 3 枚黑斑，棲息禾本科。（太平山）

200

▲前胸背板有 3 枚黑斑，3、4 斑相
連，棲息禾本科。（太平山）

▶前胸背板有 3 枚黑斑，交尾，
雌雄斑型近似。（太平山）

相似種比較

杜虹十星瓢蟲

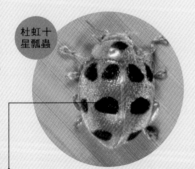

臺灣食植瓢蟲

第 2 列近翅縫的斑
寬、短或弧向，左右
斑常相連。（瑞芳）

景星食植瓢蟲

第 2 列近翅縫的斑狹
長，前後近似平截，
內寬外窄，左右斑不
相連。（土城）

第 2 列近翅縫的斑狹
長，前後近似平截，
內外等寬，左右斑不
相連。（觀霧）

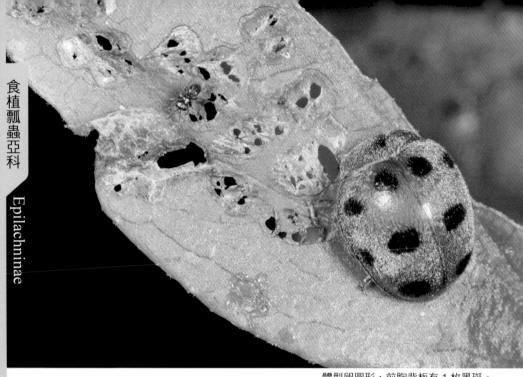

體型卵圓形，前胸背板有 1 枚黑斑。

十點食植瓢蟲
Epilachna decemguttata (Weise, 1923)

特有種

體型	L：6.2mm	食
	W：5.4mm	性

模式產地：臺灣（臺北）

同物異名：*Solanophila decemguttata* Weise, 1923

形態特徵

　　體卵圓形。背面褐紅色或磚紅色。前胸背板中央有一個黑斑，靠近前緣。每一鞘翅有 5 個斑，獨立：1 斑最接近鞘縫，3 斑次之，而 6 斑離鞘縫最遠，或 3、6 斑與鞘縫的距離相似；2 斑橫向，位於肩突之後；3 斑橫向，寬於長；4 斑最小，接近翅緣；6 斑卵形，離鞘縫的距離與離翅緣的距離相似。

生活習性

　　分布於低海拔山區。

分布

　　臺灣（臺北、嘉義、南投）。

　　十點食植瓢蟲翅面有 10 枚接近圓形的斑點，與近似種相較很容易區分。筆者在陽明山的冷水坑觀察過牠，第一次在 2006 年 5 月 9 日，巧的是 2 年後的 5 月 21 日在無預設目標的情況下又在冷水坑拍攝到牠的蹤影，可見有些稀少物種若能掌握到正確資訊，前往其棲地還是很容易觀察得到。

　　本種的辨識重點為體卵圓形，2 斑橫向位於肩突之後，以及 3 斑和 6 斑大小相近，掌握該重點即可與臺灣其他植食性瓢蟲作區分。

▲第 1 列側斑位於翅肩之下方，與其他多種食植性瓢蟲側斑位於翅肩上有所不同。

◀腹面淡褐色，無斑。

相似種比較

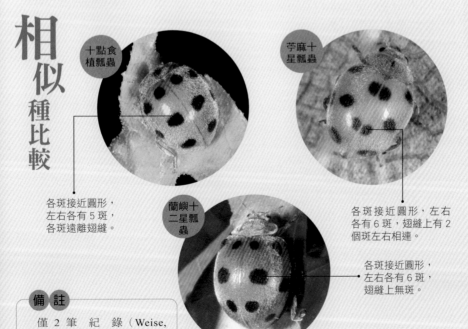

十點食植瓢蟲

各斑接近圓形，左右各有 5 斑，各斑遠離翅縫。

苧麻十星瓢蟲

各斑接近圓形，左右各有 6 斑，翅縫上有 2 個斑左右相連。

蘭嶼十二星瓢蟲

各斑接近圓形，左右各有 6 斑，翅縫上無斑。

備註

　　僅 2 筆 紀 錄（Weise, 1923；Li et Cook, 1961）。

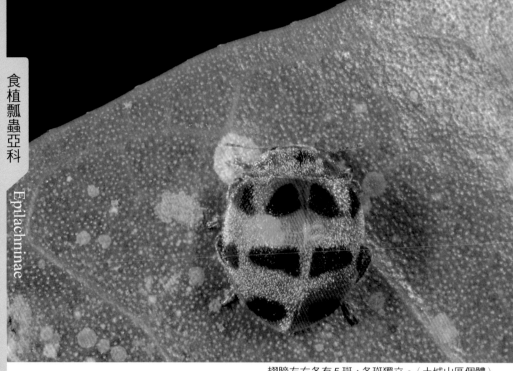

翅膀左右各有 5 斑，各斑獨立。（土城山區個體）

臺灣食植瓢蟲

Epilachna formosana (Weise, 1923)

模式產地：臺灣（嘉義）

同物異名：*Epilachna confusa* Li, 1961
Afissa decemguttata: Dieke, 1947 (nec.Weise, 1923)

特有種　體型　L：4.3~5.5mm　食性　
　　　　　　　　W：4.3~5.5 mm

形態特徵

　　體卵形。背面深褐紅色或褐色。前胸背板具一個黑斑，靠近前緣，有時兩側各有一個黑斑，或 3 個斑部分相連。每一鞘翅有 5 個斑，獨立；1 斑近於圓形，稍向外側置；2 斑近於三角形，指向後內側；3 斑寬於長，但少於長的 2 倍；4 斑圓形，不與翅緣相連；6 斑長卵形，橫向，寬度與 3 斑相當，或寬於 3 斑。

生活習性

　　分布於低至中海拔山區。

分布

　　臺灣（臺北、南投、屏東、花蓮、嘉義、高雄）。

備註

　　有不少紀錄（Weise, 1923；1933；Dieke, 1947；Bielawski, 1961；Li et Cook, 1961；Sasaji, 1988a；龐雄飛等，1979；Pang, 1993；Yu & Wang, 1999c）；Bielawski（1961）研究了模式標本，與 Li et Cook（1961）所定的 *Epilachna confusa* Li 一致，後來大多作者所定的 *E. confusa* 即為本種。

　　臺灣食植瓢蟲是筆者碰到的食植物瓢蟲中最難分辨的種類，外觀近似杜虹十星瓢蟲某種斑型的個體，也難以與景星食植瓢蟲區分，加上寄主植物複雜，鑑定上還是需要有標本解剖。為了讓讀者更能理解，筆者提供於新北市土城及二格山區拍攝的個體，拍攝時間為 3~5 月分，相信各位參考了烏來的標本並詳讀形態描述，應能揣摩出臺灣食植瓢蟲的模樣。

　　本種形態上與咬人貓黑斑瓢蟲在斑紋上相近，但後者鞘翅上 3 斑的外緣前端位置明顯高於 4 斑，體較狹長。

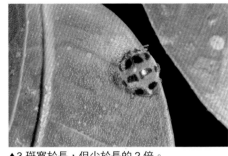
▲3 斑寬於長，但少於長的 2 倍。

▲6 斑長卵形，橫向，寬度與 3 斑相當或寬於 3 斑。（土城山區個體）

▲第 2 列近翅縫的斑橫長。

▲前胸背板中央有一斑近前緣，側斑有或無。（二格山區個體）

相似種比較

臺灣食植瓢蟲

第 2 列近翅縫的斑橫長，近翅緣的斑圓形不達翅緣。

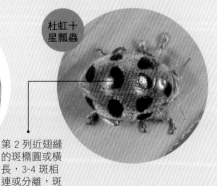

杜虹十星瓢蟲

第 2 列近翅縫的斑橢圓或橫長，3-4 斑相連或分離，斑型變異大。

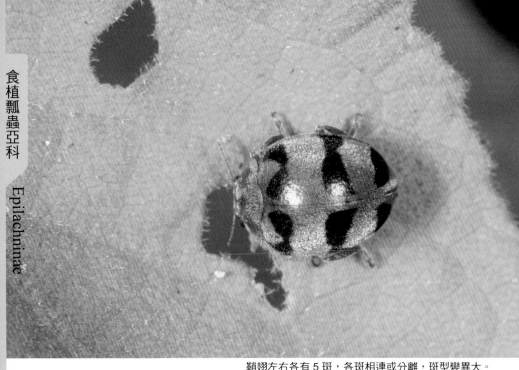

鞘翅左右各有 5 斑，各斑相連或分離，斑型變異大。

長管食植瓢蟲

Epilachna longissima (Dieke, 1947)

模式產地：臺灣（臺北）

同物異名：*Afissa longissima* Dieke, 1947

特有種　體型｜L：5.6~6.2mm　食性　W：4.1~4.5mm

形態特徵

　　體卵形。前胸背板具 1 小黑斑，近前緣，或消失。鞘翅有 5 個黑斑，1 斑和 3 斑比 6 斑靠近鞘縫，2 斑三角形，接近翅基和翅緣，有時與 1 斑相連，或 1 斑和 2 斑消失；3 斑和 4 斑相連組成一條橫帶（有時 3 斑和 4 斑獨立），橫帶外端接近翅緣，或與翅緣相連，橫帶內端不接近鞘縫，後角伸向後方，甚至有一條細線與 6 斑相連。

生活習性

　　分布於中、低海拔山區（最高 2400 公尺）。

分布

　　臺灣（廣泛分布）。

▲受到驚嚇裝死，關節會分泌臭液。

備　註

　　有幾筆紀錄（Dieke, 1947；Li et Cook, 1961；龐雄飛等 , 1979；Pang, 1993；任順祥等 , 2009）。

長管食植瓢蟲為臺灣特有種，主要分布於低海拔山區，常見以杜虹花葉片為食，數量多，全年可見，筆者經常在北部山區拍攝到牠，其中又以3~5月為高峰期，曾於南橫的利稻記錄到最高的分布。其翅斑第2列常相連呈一條長管狀的橫帶，斑型近似的種類有小陽食植瓢蟲、直管食植瓢蟲及雙葉食植瓢蟲，辨識上可從斑的長短粗細及相關位置區分；當3斑有彎向後方的趨勢時，也與杜虹十星瓢蟲頗為相似，但後者上顎很厚，應可區分出來。

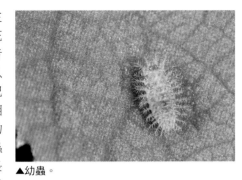

▲幼蟲。

▲取食杜虹花葉片。

▲腹面。

▲前胸背板具1小黑斑，近前緣。

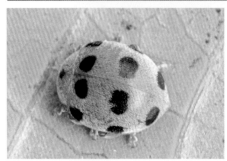

▲各斑獨立，斑型圓形。

▲各斑獨立，斑型尖狹。

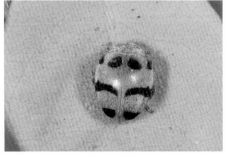

▲第 1 列斑分離，第 2 列斑相連。

▲第 1 列斑和第 2 列斑都相連。

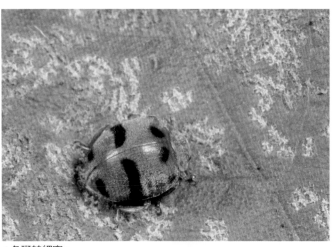

▲各斑較細窄。

◀近翅基斑消失，近翅端斑線形。

▲第 2~3 列斑近翅
縫端上下不相連。

▶第 2~3 列斑近翅縫
端上下相連。

相似種比較

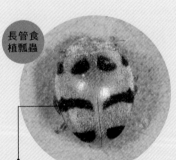

長管食
植瓢蟲

臺灣食
植瓢蟲

第 2 列斑常相
連呈細窄的管
狀，近翅端的
斑末端尖窄。

第 2 列斑不相
連，近翅端的
斑橫向橢圓。

小陽食
植瓢蟲

第 2 列斑相連較
粗，第 1 列斑於翅
縫上呈三角形。

身體暗紅褐色，翅膀各斑粗獷。

景星食植瓢蟲
Epilachna chingsingli Yu, 2011

模式產地：臺灣（南投）。
同物異名：*Epilachna formosana*: Li et Cook, 1961 (nec. Weise, 1923)

 特有種 體型｜L：3.2~4.0mm W：3.2~4.0mm 食性

形態特徵

　　體卵形，背面中度拱起，披黃白色毛，黑斑上的毛為黑色。體背黃褐色，或暗紅褐色。前胸背板具黑色中斑，有時兩側各有小黑斑，或與中斑相連，中斑靠近背板前緣。鞘翅上各具 5 個黑斑，各斑並不與鞘縫或翅緣相連，但 2 斑和 4 斑有時接近翅緣；2 斑位於肩突上，近三角形，指向後側方；3 斑和 6 斑橫向，寬大於長，3 斑通常寬是長的 2 倍，且 3 斑寬於6 斑。有時 3 斑和 4 斑不相連，偶爾1 斑和 2 斑也部分相連。

生活習性

　　分布於中海拔山區，取食禾本科植物。

分布

　　臺灣（臺北、嘉義、南投、花蓮、臺中、高雄、屏東、臺南）。

 備 註

　　Li et Cook（1961）並沒有檢查 *Epilachna formosana* 的模式標本，而是依據採自阿里山等地的 10 頭標本作了重新描述。牠與 Bielawski（1961）依據模式標本的描述不同，是一個錯誤鑑定。

　　景星食植瓢蟲翅膀左右各有 5 枚黑斑，外觀近似杜虹十星瓢蟲，但本種體型較小，體長約 3.2~4.mm，而杜虹十星瓢蟲體長為 5.2~6.5mm，顏色較暗；然而光從照片來看這些特徵還是不容易區分，較引人注目的是第 2 列近翅縫的斑較狹長橫向，前後端近似平截，與杜虹十星瓢蟲的寬、短或弧向明顯不同。

　　筆者從數百張近似杜虹十星瓢蟲的照片裡找到 2 筆紀錄，一筆為 2004 年 4 月新北市貢寮鄉，另一筆為 2008 年 5 月在新竹觀霧，照片顯示該物種以禾本科為食，縱向刮取的蝕痕一模一樣，而此行為與其他食植瓢蟲不同。

　　本種與臺灣食植瓢蟲 *E. formosana* 接近，但本種體小，後者體較大（體長 4.7~5.5mm），3 斑通常不寬於 6 斑，3 斑的寬度不及長的 2 倍，雄性第六腹板後緣平截或近於平截。

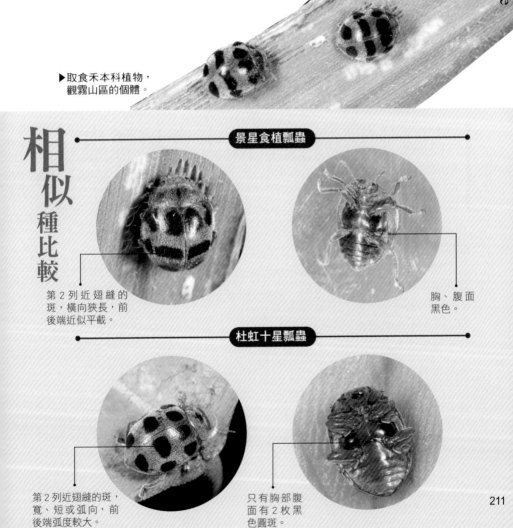

▶取食禾本科植物，
　觀霧山區的個體。

相似種比較

景星食植瓢蟲

第 2 列近翅縫的斑，橫向狹長，前後端近似平截。

胸、腹面黑色。

杜虹十星瓢蟲

第 2 列近翅縫的斑，寬、短或弧向，前後端弧度較大。

只有胸部腹面有 2 枚黑色圓斑。

小型，體背有 10 枚黑色圓斑。

苧麻十星瓢蟲 / 圓斑食植瓢蟲

Epilachna maculicollis (Sicard, 1912)

模式產地：臺灣（嘉義）

體型 L：4.3~5.0mm
W：3.2~3.6mm 食性

同物異名：*Solanophila nilgirica* var. *maculicollis* Sicard, 1912；*Solanophila fallax*: Weise, 1923 (nec. Weise, 1908)；*Afissamaculicollis* Dieke, 1947。

形態特徵

體卵形。背面磚紅色或褐紅色。前胸背板具 1 近於圓形的黑斑，近前緣，或消失。每一鞘翅有 6 個黑斑，1 斑和 5 斑在鞘縫上，與另一鞘翅的對應斑相連。

生活習性

分布於中、低海拔山區，取食苧麻、水麻、寬葉樓梯草等植物。

分布

臺灣（廣泛分布）；廣西。

備註

有不少紀錄（Sicard, 1912；Weise, 1923；Korschefsky, 1933；Dieke, 1947；Li et Cook, 1961；Miyatake, 1965；龐雄飛等 , 1979；Sasaji, 1988a；Jadwiszcak, 1989；Pang, 1993）。

　　苧麻十星瓢蟲是食植性瓢蟲中數量最多的種類，早期都在苧麻、水麻的枝葉裡觀察到牠，後來才發現陰暗潮溼林下的闊葉樓梯草有更龐大的族群，這種瓢蟲體型很小，受到騷擾會掉落地面或飛離。

　　食植瓢蟲體披短毛，斑紋和顏色不像肉食瓢蟲多樣，但筆者覺得從攝影的技巧來說這樣更具有挑戰性。在辨識上，從個體較小和具 2 個縫斑，可與臺灣其他瓢蟲區分。

▲幼蟲，側視體背具細長的棘刺與分枝，端部一般分三叉，黑色，尖端黃褐色。

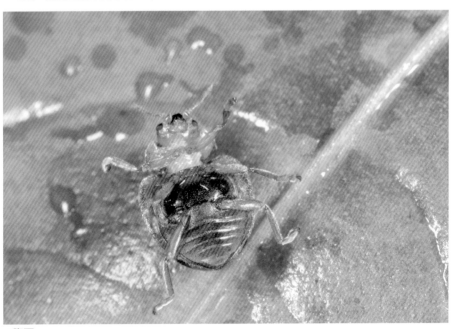

▲腹面。

213

▲苧麻十星瓢蟲羽化不久的個體。

相似種比較

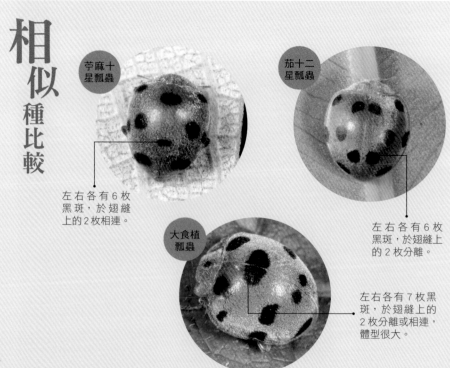

苧麻十星瓢蟲

左右各有6枚黑斑，於翅縫上的2枚相連。

茄十二星瓢蟲

左右各有6枚黑斑，於翅縫上的2枚分離。

大食植瓢蟲

左右各有7枚黑斑，於翅縫上的2枚分離或相連，體型很大。

▲苧麻十星瓢蟲寄主植物有多種。

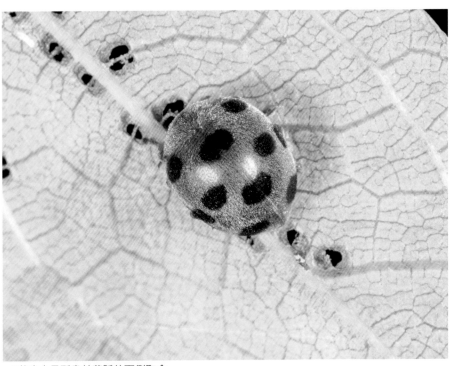

▲苧麻十星瓢蟲於葉脈的兩側取食。

體近圓形，大型，前胸背板有1枚黑斑。

大食植瓢蟲

Epilachna maxima (Weise, 1898)

模式產地：印度

體型	L：8.4~12.0mm
	W：6.5~9.0mm

食性

同物異名：*Afissa maxima* (Weise, 1898)；*Solanophila saginata*: Korschefsky, 1933 (nec. Weise, 1902)。

形態特徵

體心形。前胸背板中部有一個黑斑，大小不一，或消失。每一鞘翅有7個黑斑，斑紋常相連，如2+a和4+3+5，或a+2和3+5等；1斑橫向，寬於長，位於鞘縫上，與對應斑相連。（有時不連）。

生活習性

分布於中、低海拔山區，取食槭葉括樓等葫蘆科植物。

分布

臺灣（臺北、新竹、臺中、南投、嘉義、花蓮、臺南）；越南、印度。

大食植瓢蟲為食植瓢蟲中最大型的，體長可達12mm，分布於1200公尺以下山區，數量稀少。2004年12月筆者在新竹五指山路邊的草叢裡發現這隻體型超大的瓢蟲，一眼就知稀有，因此馬上拿起相機猛拍。大食植瓢蟲通常棲息在人煙罕至的山裡與自然同在，2012年6~7月筆者在陽明山和天祥又再度拍攝到牠的蹤影，可見這種瓢蟲夏至冬季都有機會看到。

本種斑型變異，各斑分離或相連，斑紋呈圓弧狀，溫柔敦厚的模樣很可愛；由於該種個體較大，鞘翅上有a斑（分離或與2斑相連），因此可與他種作區分。

▲幼蟲,全身布滿棘刺。

▲成蟲鞘翅上的斑點變異很大。

▲第 1、2 列斑，斑點分離的個體。

▶鞘翅 3 列，第 1、2 列斑，斑紋相連的個體。

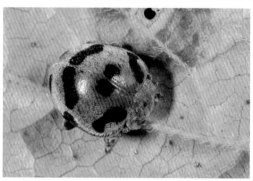

備 註

有一些紀錄（Korschefsky, 1933；Li et Cook, 1961；龐雄飛等, 1979；Pang, 1993；任順祥等, 2009）。

相似種比較

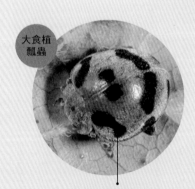

大食植瓢蟲

2 斑在翅肩下方，與 1 斑分離或相連，於翅縫的斑在中央，通常獨立。

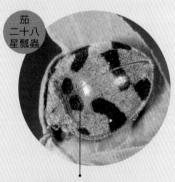

茄二十八星瓢蟲

2 斑在翅肩，與 1 斑分離或相連，於翅縫的斑在上、下兩端，相連或分離。

◀前胸背板中央
具一個黑斑。

◀第 1 列斑消失，
第 3 列斑細窄。

◀背面褐紅色。

雙葉食植瓢蟲
Epilachna bifibra Li, 1961

模式產地：臺灣（臺中、花蓮）

特有種 | 體型 | L：7.5~8.2mm | 食性
| | W：5.7~6.0mm |

形態特徵

　　體近於心形，後半部收窄較明顯。背面褐紅色。前胸背板中央具一個黑斑，近後緣；或兩側各有一小黑斑。鞘翅具 5 個黑斑，1 斑、3 斑和 6 斑與鞘縫的距離相似；1 斑和 2 斑可相連，前緣內凹；4 斑長形，與翅緣相連；6 斑最長，兩端較尖，距翅緣近而離鞘縫遠。斑紋變細或消失，如鞘翅基部 2 個斑紋消失，或只剩下肩突處有一個小黑點，3、4 斑縮小，4斑不與翅緣相接，3 斑或 4 斑消失；6 斑亦可變小或消失。

生活習性

　　生活於中海拔山區（海拔 1200~2200 公尺）。

分布

　　臺灣（臺中、花蓮、南投、嘉義）。

　　雙葉食植瓢蟲生活於臺灣中南部的中海拔山區（海拔 1200~2200 公尺），數量相對較少，對於寄主植物、幼蟲形態等資訊目前還不清楚。

　　依據 2 頭雌性標本描述了本種，與直管食植瓢蟲很接近，主要差異是第 VI 腹板分為 2 葉，中間深切口。外形上本種斑紋小、鞘翅後半部收窄明顯可與之區分。

備 註

　　僅 1 筆紀錄，Li et Cook（1961）。

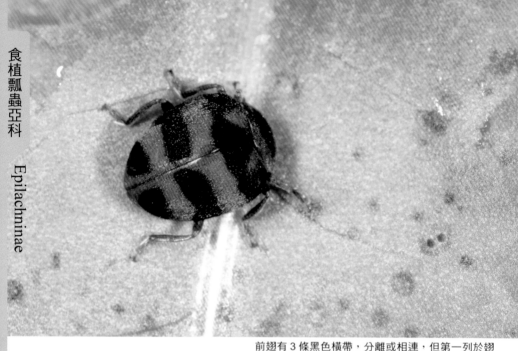

前翅有 3 條黑色橫帶，分離或相連，但第一列於翅縫上通常形成一個尖突的三角斑，下方接近平齊。

小陽食植瓢蟲
Epilachna microgenitalia Li, 1961

模式產地：臺灣（嘉義、臺東、宜蘭、花蓮）

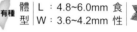

特有種　體型　L：4.8~6.0mm　食性　W：3.6~4.2mm

形態特徵

　　體卵形，在鞘翅近基部最寬，後逐漸向後收窄。前胸背板具黑色中斑，近前緣。鞘翅具 5 個黑斑。1 斑三角形，與另一鞘翅的對應斑相連；2 斑近於三角形；1 斑和 2 斑常相連；3 斑和 4 斑組成一個橫帶，內端靠近鞘縫，外端與翅緣相接，或內端亦與鞘縫相連；6 斑大小不一。或各斑擴大，呈 3 橫帶，或第 1 與第 2 橫帶在鞘縫處相連，第 2 與第 3 橫帶在鞘縫和翅緣相連。

生活習性

　　分布於中、高海拔山區。

分布

　　臺灣（嘉義、宜蘭、南投、臺東、花蓮）。

 備　註

　　僅 2 筆紀錄（Li et Cook, 1961；Yu & Wang, 1999c）。

　　2008 年 10 月筆者在杉林溪拍攝到小陽食植瓢蟲時，原以為是瓜黑斑瓢蟲，所以只拍了一張作記錄，後來發現牠是稀少的小陽食植瓢蟲，因而對誤判這事感到相當扼腕。其實這種事經常發生，尤其在夜晚進行蛾類拍攝時，由於燈布上有著數百、數千隻蛾，因此通常只會選擇沒見過或可能近似的留影。自那次巧遇後，很想再多看一眼這隻美麗的瓢蟲，可惜再也沒有機會，或許美麗是稍縱即逝不該貪著，擁有一次短暫的邂逅就該滿足了吧！

　　本種為臺灣特有種，與近似種相較，瓜黑斑瓢蟲通常於翅縫上有 2 枚黑斑，呈圓形或三角形，獨立或近似獨立；本種鞘翅近基部最寬，後逐漸向後收窄，兩鞘翅中基部具 1 個三角形黑斑，只要掌握上述要點，相信辨識上會較為容易。

Column

體色的變化

　　瓢蟲的斑紋是由淺色（如紅色、黃色、棕色或白色）和深色（主要是黑色）所組成。在成蟲剛羽化時，鞘翅是淡白色或淡紅色，接著逐漸顯現黑色部分，這變化有些種類需要幾個小時，部分種類則需達 2 ～ 3 天甚至更長時間才可完全體現黑色部分。鞘翅會呈黑色主要是黑色素沉積的緣故；淺色部分則是含有類胡蘿蔔素的衍生物，沉積的時間較長，是一個逐漸加深的過程，由剛羽化時的黃色，變為淺紅黃色，一個月或更久再變成紅色，越冬後的成蟲紅色往往更深，依該現象，我們也可以觀察出瓢蟲是新一代還是老一代（或越冬代的）。

▲第 1~3 列橫帶，左右斑皆相連。

▲第 1~3 列橫帶，左右斑皆分離。

相似種比較

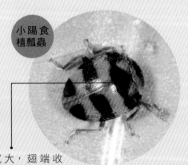

小陽食植瓢蟲

翅肩寬大，翅端收窄，第 1 列於翅縫上的斑型成一個三角尖突，下方接近平齊。

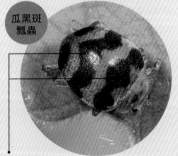

瓜黑斑瓢蟲

身體卵形，翅縫上通常有 2 枚相連的三角或圓形斑，各斑變異大，獨立或接近獨立。

分布於明池海拔約 1200 公尺山區的個體。

十二星食植瓢蟲

Epilachna mobilitertiae Li, 1961

模式產地：臺灣（屏東、臺北、南投、高雄）

同物異名：*Epilachna gressitti* Li, 1961

特有種　體型　L：6.0~6.5mm　食性　W：5.2~5.8mm

形態特徵

體卵圓形，黑斑上的毛黑色。體背面磚紅色或紅褐色。前胸背板的黑斑近後緣或相連，或兩側具小黑斑，或前胸背板幾近全黑。鞘翅上具 3 條橫帶，第 1 條由 1、2 斑相連，或 1、2 斑獨立不相連；第 2 條由 3、4、5 相連，橫帶外緣與翅緣相連，或 4 斑獨立，或 3、4、5 斑各不相連，獨立；第 3 條即 6 斑。3 條橫帶可粗可細。

生活習性

分布於中、低海拔山區（高至 1200 公尺）。

分布

臺灣（臺北、宜蘭、臺中、南投、高雄、屏東）。

十二星食植瓢蟲翅膀左右各有 6 枚黑斑，翅背共有 12 枚，近似 12 枚星斑的有半帶裂臀瓢蟲和茄二十八星瓢蟲的 12 斑型，其他多半是 10 或 11 枚星斑的種類。

本種分布於低、中海拔山區，2006 年 3 月筆者僅在明池森林遊樂區見過一次，依據虞博士的描述，在臺北、宜蘭、臺中、南投、高雄、屏東都有分布，有些物種看來廣泛分布但卻很少拍到，可能誤以為是常見瓢蟲沒按快門吧！這種情形經常發生，因此對有心調查昆蟲的朋友來說實在不能過於大意。

▲翅膀左右各有 6 枚黑斑，第 2 列的斑 3 枚，各斑稍圓，通常相連。

▲前胸背板中央的黑色斑粗大，左右各有 1 枚不明顯的小斑。

▲鞘翅各斑相連的個體。

▲鞘翅各斑分離的個體。

備 註

有 3 筆紀錄（*Li et* Cook, 1961；Jadwiszcak, 1989；Pang, 1993）。從體卵圓形、鞘翅常具 3 條橫帶（中間 1 條橫帶常常呈倒「V」字形）可與其他瓢蟲區分。*Li et* Cook（1961）描述的 *Epilachna gressitti* 僅為一種色斑型。

相似種比較

十二星食植瓢蟲

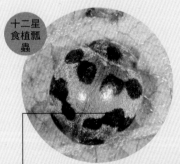

左右各有 6 枚星斑，第 2 列斑有 3 枚。

半帶裂臀瓢蟲

左右各有 6 枚星斑，第 2 列斑 2 枚，近後緣距翅縫較近，3 斑較短傾斜。

茄二十八星瓢蟲（12 斑型）

左右各有 6 枚星斑，第 2 列斑 2 枚，近後緣距翅縫較遠，3 斑較長橫向。

每一鞘翅上具 5 個黑斑，各斑分離並不相連。

巴陵食植瓢蟲

Epilachna paling Yu, 2001

模式產地：臺灣（桃園）

特有種 體型 L：5.3~5.8mm　食性　W：4.7~4.8mm

形態特徵

體卵圓形，披黃白色毛，黑斑上的毛黑色。體背紅褐色。前胸背板具 1 對黑斑，分離。每一鞘翅上具 5 個黑斑，各斑分離並不相連，3 斑最大，橫向，不與鞘縫相接；5 斑橫向，與翅緣和鞘縫的距離相等。

生活習性

分布於低海拔山區。

分布

臺灣（桃園）。

 備 註

僅有 1 筆紀錄（Yu, 2001），存在近似種，得解剖才能確定。

巴陵食植瓢蟲分布於低海拔山區，模式標本採於桃園下巴陵公路邊矮小植物上。數量較少，目前網路上也未見牠的圖片。

Column

枝刺

某些瓢蟲生活於螞蟻活動的環境中，牠們為了避免遭受螞蟻攻擊，瓢蟲幼蟲及蛹的體表會具有明顯的枝刺，且刺的長度比螞蟻的大顎長，而這特殊的外觀便起了防禦作用，讓螞蟻無法攻擊。

體背橙褐色，前胸背板具黑色的橫斑。

八仙黑斑瓢蟲 / 曲管食植瓢蟲

Epilachna sauteri (Weise, 1923)

模式產地：臺灣（屏東）

同物異名：*Solanophila sauteri* Weise, 1923

體型　L：7.2~9.4mm　食性
　　　W：5.3~6.9mm

形態特徵

體長卵形。前胸背板有 2 個黑斑，靠近或相連，或無斑。鞘翅具 4 個黑斑，缺 2 斑和 5 斑；有時 1 斑也缺，或覆蓋整個肩角，似 1+2 組成的橫帶；靠近鞘縫的 3 個斑離鞘縫的距離相等，有時鞘翅中部的 3、4 斑相連，組成一個橫帶。

生活習性

分布於低海拔山區，寄主植物為華八仙。

分布

臺灣（臺北、新北市、宜蘭、臺中、屏東）；湖南、福建、貴州、廣西；沖繩。

八仙黑斑瓢蟲屬食植性，以華八仙葉片為食，為少數專一寄主的瓢蟲，鞘翅左右各有 4 枚黑斑，但第一列的斑變異最大。幼蟲在 1~3 月開花的季節出現，成蟲發生於 8~10 月，以卵和蛹期越冬。植食性瓢蟲體色及黑斑都很像，分辨本種可從個體較大、鞘翅上常具 4 個黑斑，以及由寄主植物找瓢蟲最簡單。

備註

有幾筆紀錄（Weise, 1923；Korschefsky, 1933；*Li et* Cook, 1961；龐雄飛等，1979；Yu & Wang, 1999c）。

225

▲幼蟲體背布滿黑色的棘刺。

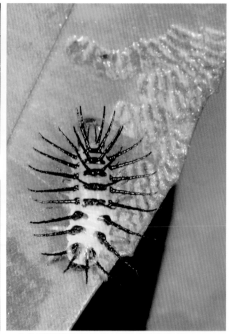

▲具咀吸式口器，先刮食葉肉後吸食汁液。　　　▲八仙黑斑瓢蟲幼蟲取食華八仙的葉片。

▲八仙黑斑瓢蟲取食華八仙葉片，左上為花期盛開的景象。

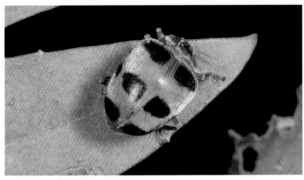

◀第一列斑較大的個體。

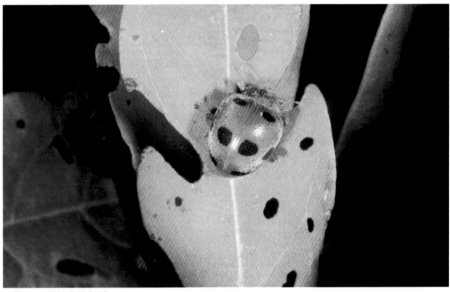

▲第一列斑較小的個體。

相似種比較

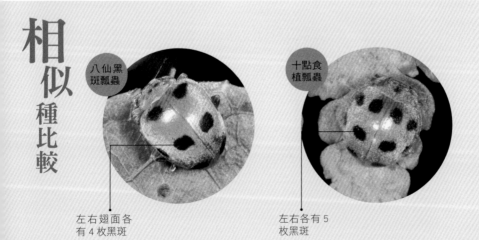

八仙黑斑瓢蟲

十點食植瓢蟲

左右翅面各
有 4 枚黑斑

左右各有 5
枚黑斑

227

小毛瓢蟲亞科
Scymninae

　　體小，通常在 1～3mm 之間，體背密披細毛。觸角短，至多只有頭寬的 2／3，著生位置較近於頭部的腹面。前胸背板最寬處位於基部，與鞘翅基緣的寬度相近，兩者緊密銜接。下顎鬚端節兩側平行，或向前稍擴大呈斧形，但通常不向前收窄。

　　本亞科的瓢蟲個體小，種類多，通常體背不具明顯的斑紋，通過外部形態、斑紋識別來鑑定小毛瓢蟲比較困難。

◀本屬瓢蟲體小，黑色，均捕食葉蟎。

◀體卵形。

黑囊食蟎瓢蟲
Stethorus (Stethorus) aptus Kapur, 1948
模式產地：中國（浙江）

體型｜L：1.3~1.4mm　食性
W：1.0~1.1mm

形態特徵

體卵形，黑色，唇基前緣紅棕色，觸角及口器黃棕色。足黃棕色，腿節大部黑褐色

生活習性

生活於平地至中海拔地區，捕食多種葉蟎，如柑橘上的全爪蟎。

分布

臺灣（嘉義、臺中）；浙江、福建、廣東、廣西；琉球、馬來西亞。

黑囊食蟎瓢蟲生活於平地至中海拔地區，捕食柑橘、木瓜等植物上的多種葉蟎（如柑橘上的全爪蟎）。1 齡幼蟲吸食葉蟎的卵，而 2~4 齡幼蟲和成蟲採用回吐的方式取食葉蟎。1999 年來自臺中柑橘園送鑑的食蟎瓢蟲即屬於本種。

　備　註

僅 1 筆（Yu, 1995），記錄於奮起湖。臺灣已知 6 種，可從體形、唇基前緣紅棕色、第 1 腹板後基線寬弧形、伸達 1 / 2 等與他種作區分。

◀體卵形。

◀黑色。

羅氏食蟎瓢蟲

Stethorus (Stethorus) loi Sasaji, 1968

模式產地：臺灣（臺北、新北市、宜蘭、南投、嘉義、臺南）

特有種

體型	L：1.3~1.7mm	食性
	W：1.0~1.3mm	

形態特徵

體卵形，黑色，額前半紅棕色（雌性淺色區稍小），觸角及口器淡黃棕色。足淡黃棕色，腿節大部黑褐色，前足常常更淺。

生活習性

生活於平地至中海拔地區，可在麻竹上捕食葉蟎。

分布

臺灣（臺北、新北市、宜蘭、桃園、南投、臺中、嘉義、高雄、臺南）。

備註

僅 2 筆紀錄（Sasaji, 1968a；1988a）。

羅氏食蟎瓢蟲生活於平地至中海拔地區，會在麻竹上捕食葉蟎。食蟎瓢蟲個體小，1 年可發生多代，臺灣中、南部幾乎整年可見，11 月下旬仍可見成蟲在麻竹上活動。形態上與黑囊食蟎瓢蟲相近，但額部前半紅棕色、第一腹板後基線較偏、不達腹板 1／2 等區分。

▲觸角及口器淡黃棕色。

◀體卵形，黑色。

◀足淡黃棕色。

束管食蟎瓢蟲

Stethorus (Allostethorus) chengi Sasaji, 1968

模式產地：臺灣（嘉義、南投）

體型 | L：1.0~1.3mm 食
W：0.7~1.0mm 性

形態特徵

體卵形，黑色，雄性唇基及額前部黃色，雌性唇基黃棕色，額黑色，觸角及口器淡黃棕色。足淡黃棕色。

生活習性

生活於平地至低海拔地區，捕食葉蟎。

分布

臺灣（嘉義、南投、雲林）；陝西、浙江、湖北、四川、貴州。

生活於平地至低海拔地區，可捕食多種植物（如柑橘、玉米、桑、大豆、麻竹）上的多種葉蟎（如山楂葉蟎、二斑葉蟎），對一般的化學殺蟲劑較為敏感；冬季天氣較冷時會在落葉、樹皮縫中越冬。形態上與羅氏食蟎瓢蟲相近，但身體兩側的弧形較為明顯，足全為淡黃棕色。

 備 註

僅 1 筆紀錄（Sasaji, 1968a）。

◀體長卵形，
黑色。

◀足黑色。

細長食蟎瓢蟲

特有種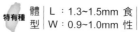

體型 L：1.3~1.5mm 食
W：0.9~1.0mm 性

Stethorus (Allostethorus) muriculatus Yu, 1995

模式產地：臺灣（嘉義、新北市）

形態特徵

體長卵形，黑色，但觸角及口器黃棕色。足黑色，跗節棕色。

生活習性

生活於低至中海拔地區，捕食葉蟎。

分布

臺灣（嘉義、新北市）。

備註

僅 1 筆紀錄（Yu, 1995）。

細長食蟎瓢蟲生活於低至中海拔地區，高可達海拔 2400 公尺的阿里山，捕食葉蟎。食蟎瓢蟲個體很小，觀察時常常發現成蟲待在葉背，太接近時牠們會掉下來飛走，有時在馬氏誘捕網上可發現一些食蟎瓢蟲。

形態辨識上從體較狹長、第一腹板後基線寬大、後緣伸達腹板 3 / 5 等特徵，可與其他種類作區分。

◀體卵形，披黃白色細毛。

◀足黃棕色。

棕色方瓢蟲
Sasajiscymnus fuscus (Yang, 1971)

模式產地：臺灣（臺中）

同物異名：*Pseudoscymnus fuscus* Yang, 1971

特有種　體型　L：2.1~2.4mm 食性　W：1.5~1.6mm

形態特徵

　　體卵形，披黃白色細毛。體背棕色，頭及翅端顏色稍淺。腹面中後胸及腹板基三節的中部黑褐色。足黃棕色。

生活習性

　　分布於中海拔山區（2150~2400公尺）。

分布

　　臺灣（南投、臺中、嘉義）。

 備 註

　　僅 2 筆紀錄（Yang, 1971；Yu, 1995）。

　　棕色方瓢蟲分布於中海拔山區（2150~2400 公尺）。方瓢蟲屬的瓢蟲個體較小，被關注的機會不多，因此許多習性、行為尚不為人知。本屬的幼蟲蟲體裸露，無明顯蠟粉（絲），或蟲體背面被有厚厚的蠟粉。

　　在形態特徵上，本種與一些小毛瓢蟲屬的種類相似，但仍可從屬的特徵（觸角短，9 節及第一腹板上的後基線不完整並伸向外側）區分，也可從體背棕色、體較狹窄、體腹面中後胸及腹板中基部黑色來作識別。

翅面左右各有一枚橙褐色的斑與翅端相連或分離。

雙斑方瓢蟲
Sasajiscymnus hareja (Weise, 1879)

模式產地：日本

同物異名：*Pseudoscymnus hareja* (Weise, 1879)；*Scymnus hareja* Weise, 1879。

體型	L：1.7~2.0mm	食性	
	W：1.2~1.5mm		

形態特徵

體卵形，披黃白色細毛。頭及前胸淡黃棕色。鞘翅黑色，翅端約 1 / 6 黃棕色，每一鞘翅黑色區中央具一個縱向的紅棕色斑，此斑可大可小；變大時，可與淺色的翅端相連，鞘縫大部分仍為深色，或斑紋消失。

生活習性

多分布於平地至低海拔山區。捕食多種盾蚧，如柑橘上的矢尖蚧。

分布

臺灣（基隆、新竹、南投、臺中、花蓮、嘉義、臺南）；日本。

雙斑方瓢蟲翅面左右各有 1 枚橙褐色斑，故名「雙斑」。本屬有 15 種之多，身體通常呈卵形，前胸背板寬大，斑紋近似的不少，若以「雙斑」特徵檢視這些瓢蟲恐怕還不夠。依據虞博士所提供的多種標本比對，在幾個近似種中仍可以翅縫線、近前緣及翅端的斑紋特徵區分彼此的不同。一般來說，當斑紋擴大時，雙斑方瓢蟲與弧斑方瓢蟲相近，但後者鞘翅淺色區在近鞘縫處與翅端相連，此處的毛朝外，有機會觀察時不妨注意此特徵。

備 註

有 4 筆紀錄（Ohta, 1929a；Kamiya, 1965；Yang, 1971；Yu, 1995）。

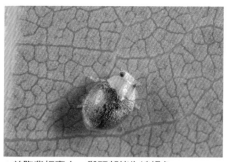

▲翅面的橙褐色斑與翅端相連的
個體。

▲前胸背板寬大，與頭部皆為淡褐色。

▲翅面的橙褐色斑與翅端分離的個體。

相似種比較

雙斑
方瓢蟲

翅縫黑色
發達，後橫
紋至翅端
離較遠。

獨斑
方瓢蟲

翅縫黑色分布不明顯
或僅於翅基深色，後
橫紋至翅端離較近，
虞國躍攝。

弧斑
方瓢蟲

翅縫僅具細窄的黑
線，近翅前緣的黑
色斑紋呈「C」字弧
紋，虞國躍攝。

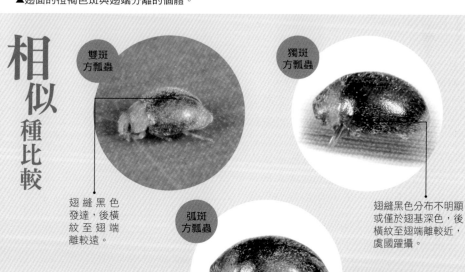

235

▶頭及前胸淡黃棕色。

▶披黃白色細毛。

▶南投東埔產成蟲。

▶臺東知本產成蟲。

獨斑方瓢蟲

Sasajiscymnus seboshii (Ohta, 1929)

模式產地：日本

同物異名：*Pseudoscymnus seboshii* (Ohta, 1929)
Scymnus hareja seboshii Ohta, 1929

體型　L：1.8~2.0mm　食性
　　　W：1.2~1.4mm

形態特徵

體卵形，披黃白色細毛。頭及前胸淡黃棕色。鞘翅黑色，翅端約 1 / 6 黃棕色，鞘縫處具一個大型紅棕色斑，有時翅基呈黃棕色，或斑紋擴大，翅基呈紅棕色，或僅小盾片處具深色斑，近翅端的深色部分仍保留。

生活習性

分布於低、中海拔山區（650~1200 公尺）。

分布

臺灣（南投、臺東）：日本。

獨斑方瓢蟲分布於低、中海拔山區。2011 年記錄於臺灣，研究標本來自南投蓮花池、東埔和臺東知本。形態上與雙斑方瓢蟲相近，特別是當後者的斑紋擴大時，但後者的鞘縫大部呈深色，後基線離腹板後緣較遠。

備　註

僅 1 筆紀錄（虞國躍，2011）。

◀翅端約 1／6
黃棕色。

◀鞘翅黑色，披
黃白色細毛。

張氏方瓢蟲
Sasajiscymnus changi (Yang, 1971)

模式產地：臺灣（南投）

同物異名：*Pseudoscymnus changi* Yang, 1971

特有種　 體型　L：2.1~2.3mm　W：1.5~1.6mm　食性

形態特徵

體短卵形，披黃白色細毛。頭、前胸及足黃棕色。鞘翅黑色，翅端約 1／6 黃棕色，分界線幾乎一直線，在近翅緣稍折回。

生活習性

張氏方瓢蟲分布於低海拔山區，數量不多，所示的標本來自南投蓮花池，海拔約 650 公尺。形態上與片方瓢蟲相近，但後者翅端黃棕色較窄，鞘翅緣折內側黃棕色、外側黑色；此外，牠與斑紋消失的雙斑方瓢蟲也頗為相似，但需解剖才能作區分。

分布

臺灣（南投）。

備 註

僅 2 筆紀錄（Yang, 1971；Yu, 1995）。

237

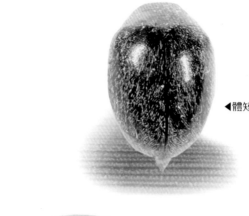

◀體短卵形。

◀腹面。

◀頭、前胸及足黃棕色。

片方瓢蟲

| 特有種 | 體型 | L：2.1~2.3mm | 食性 |
| | | W：1.5~1.6mm | |

Sasajiscymnus lamellatus (Yang et Wu, 1972)

模式產地：臺灣（南投）

同物異名：*Pseudoscymnus lamellatus* Yang et Wu, 1972

形態特徵

體短卵形，披黃白色細毛。頭、前胸及足黃棕色。鞘翅黑色，翅端約 1 / 8 黃棕色，分界線呈一弧線。

生活習性

分布於中、低海拔山區（最高 2150 公尺）。

分布

臺灣（南投）。

片方瓢蟲分布於中、低海拔山區，所示的標本來自南投梅峰，海拔 2150 公尺。本種鞘翅緣折黃棕色，但兩側黑色。雌性受精囊相當特別，似一個粗壯的「3」。

備註

僅 1 筆紀錄（Yang et Wu, 1972）。

◀體卵形，背面披黃白色毛。

◀鞘翅黑色。

枝斑方瓢蟲

Sasajiscymnus sylvaticus (Lewis, 1896)

模式產地：日本

同物異名：*Pseudoscymnus sylvaticus* (Lewis, 1896)

體型 | L：2.3~2.7mm | 食性
型 | W：1.7~1.9mm |

形態特徵

　　體卵形，背面披黃白色毛。頭及前胸背板淡紅棕色。鞘翅黑色，翅端紅棕色較寬，約為翅長的 1／7，有時鞘翅的黑色部分呈棕紅色，但仍可見黃棕色的翅端。

生活習性

　　僅知分布於中海拔山區（1400公尺）。

分布

　　臺灣（嘉義）；海南；日本、韓國。

　　僅知枝斑方瓢蟲分布於嘉義奮起湖，海拔 1400 公尺。這種瓢蟲習性奇特，牠捕食蟲癭內的蚜蟲，如貓爪癭蚜「*Ceratovacuna nekoashi*（Sasaki, 1910）」，幼蟲、蛹和成蟲均可在蟲癭內發現。形態上與太田方瓢蟲相近，但本種體略小、身體較細長，明顯的區別是翅端具較長的淺色區。

備註

僅有 1 筆紀錄（Yu, 1995）。

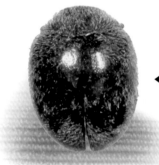

◀體短卵形，披黃白色細毛。

◀鞘翅黑色，端部約 1 / 10 紅棕色。

太田方瓢蟲

Sasajiscymnus ohtai (Yang et Wu, 1972)

特有種

體型	L：2.7~3.0mm	食性
	W：2.0~2.3mm	

模式產地：臺灣（新竹）

同物異名：*Pseudoscymnus ohtai* Yang et Wu, 1972

形態特徵

體短卵形，披黃白色細毛。頭紅棕色。前胸背板紅棕色，無斑，或中基部具不明顯的黑褐斑。鞘翅黑色，端部約 1 / 10 紅棕色。

生活習性

分布於平地至中海拔山區，最高可達 2200 公尺的天池。

分布

臺灣（新竹、臺中、南投、高雄）。

太田方瓢蟲分布於平地至中海拔山區，最高可達 2200 公尺的天池。

 備 註

僅有 2 筆紀錄（Yang et Wu, 1972；Sasaji, 1988a）。

◀前胸背板
紅棕色。

◀體短卵形，披
黃白色細毛。

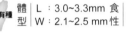

▲觸角。

大方瓢蟲

Sasajiscymnus amplus (Yang et Wu, 1972)

特有種 體型 | L：3.0~3.3mm 食
W：2.1~2.5 mm 性

模式產地：臺灣（南投、臺中）

同物異名：*Pseudoscymnus amplus* Yang et Wu, 1972

形態特徵

體短卵形，披黃白色細毛。頭紅棕色。前胸背板紅棕色，中基部具一個大黑斑，達前胸背板前緣 4／5。鞘翅黑色，端部約 1／10 紅棕色。

生活習性

分布於平地至中海拔山區（1200公尺），捕食竹子上的蚜蟲（如愛偽角蚜、竹莖扁蚜）。有趣的是 1~3 齡幼蟲形態像蚜蟲的兵蚜，在蚜群中不會受到攻擊。

分布

臺灣（南投、臺中）。

大方瓢蟲是本屬中個體最大的瓢蟲，分布於平地至中海拔山區，捕食竹子上的蚜蟲（如愛偽角蚜、竹莖扁蚜）。這些蚜蟲具兵蚜，用於保衛自己的族群，但大方瓢蟲 1~3 齡的幼蟲因具細長的足，體背沒有蠟粉，很像蚜蟲的兵蚜，使得牠在蚜群中捕食蚜蟲卻不會受到兵蚜的攻擊。形態與太田方瓢蟲很接近，然而本種個體更大，前胸背板具大型黑斑，觸角基節一側明顯膨大。

備註

僅 1 個採集紀錄（Yang et Wu, 1972），生物學上有些紀錄（見佐佐治，1998）。

◀鞘翅上的毛呈
「S」形彎曲。

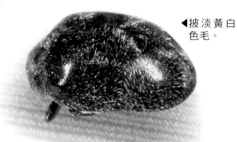

◀披淡黃白
色毛。

鞍馬山方瓢蟲

Sasajiscymnus anmashanus (Yang, 1971)

模式產地：臺灣（臺中）

同物異名：*Pseudoscymnus anmashanus* Yang, 1971

特有種　體型　L：2.1mm　食性
　　　　　　　W：1.5mm

形態特徵

　　體近於卵形，披淡黃白色毛。體包括足等全黑。鞘翅上的毛強烈呈「S」形彎曲。

生活習性

　　分布於中海拔山區（2150~2400公尺）。

分布

　　臺灣（臺中、南投）。

　　鞍馬山方瓢蟲分布於中海拔山區，鞘翅上毛排列方式很特殊，看上去似有斑紋。本種身體全黑、由於毛排列方式特殊，鞘翅看上去似有斑紋（如鞘縫中部後似有一個菱形斑，旁邊似有一個圓形斑）。

備註

僅 2 筆紀錄（Yang, 1971；Yu, 1995）

◀體短卵形，披黃白色細毛。

◀體背黑色，觸角、口器和足黃棕色。

臺南方瓢蟲
Sasajiscymnus tainanensis (Ohta, 1929)

體型 | L：1.6mm 食
W：1.2mm 性

模式產地：臺灣（臺南）

同物異名：*Pullus tainanensis* Ohta, 1929a
Pseudoscymnus nagasakiensis (Kamiya, 1961)

形態特徵

體短卵形，披黃白色細毛。鞘翅上呈很弱的「S」形。體背黑色，觸角、口器和足黃棕色，但足的腿節黑褐色。複眼較大，眼間距明顯大於眼寬。

生活習性

分布於中、低海拔山區（已知最高分布於 1150 公尺）。

分布

臺灣（臺北、臺中、南投、花蓮、嘉義、臺南）；日本。

臺南方瓢蟲分布於平地至中海拔山區的多種闊葉樹上。臺南方瓢蟲較為常見，但對其生物學習性所知甚少（註：朝鮮半島也有分布，但記錄時用的名字是長崎方瓢蟲）。在辨識上從體小、背面全黑、鞘翅上的毛呈不明顯「S」形、足的腿節黑色及眼間距大於眼寬，可與其他近似種作區分。

備 註

有幾筆紀錄（Ohta, 1929a；Yang et Wu, 1972；Yu, 1995；Yu & Wang, 1999c）。Kitano （2010）研究了 *Pullus tainanensis* 模式標本，認為與 *S. nagasakiensis* 最接近，但模式標本翅端棕色，這可能與拍照時所用的強光有關。

243

翅面密生白色短毛呈「S」形排列。

里氏方瓢蟲
Sasajiscymnus lewisi (Kamiya, 1961)
模式產地：日本

同物異名：*Pseudoscymnus lewisi* (Kamiya, 1961)

| 體 | L：1.7~1.8mm | 食 |
| 型 | W：1.3~1.4mm | 性 |

形態特徵

體短卵形，披黃白色細毛，在鞘翅上呈很弱的「S」形。雄性頭黃棕色，頭頂稍深，複眼大，眼間距約等於或少於眼寬；雌性頭黑褐色。前胸背板黑色，前緣及前角棕色，側緣的棕色常達背板的 1／2，有時達 2／3。鞘翅黑色，翅端棕色，很窄，不達翅長的 1／15。腹面黑色，但頭部、前胸背板緣折大部、腹部端緣和足黃棕色。

生活習性

分布於低、中海拔山區（800~1200 公尺）。

分布

臺灣（南投、臺中、臺南）；陝西、河南、湖北、福建；日本。

 備 註

僅 1 筆紀錄（虞國躍，2011）。

里氏方瓢蟲體小、體背黑色，形態與臺南方瓢蟲相近，但後者頭黑色，前胸背板前緣及鞘翅後緣皆為黑色，因此辨識上除了鞘翅毛斑的排列外，還要觀察各腳的顏色才能分辨。除此之外，牠與鞍馬山方瓢蟲、黑方突毛瓢蟲也頗為相似，與鞍馬山方瓢蟲的差異可從海拔高度分別；至於黑方突毛瓢蟲，由於筆者見過兩次里氏方瓢蟲，但都在竹葉扁蚜棲息的竹葉環境，而黑方突毛瓢蟲則是都棲息在禾本科的綿蚜，因此藉由環境觀察也是分類昆蟲很重要的參考資料。

▲取食竹葉扁蚜、若蟲和卵。

▲身體卵形，黑色，翅端褐色。

相似種比較

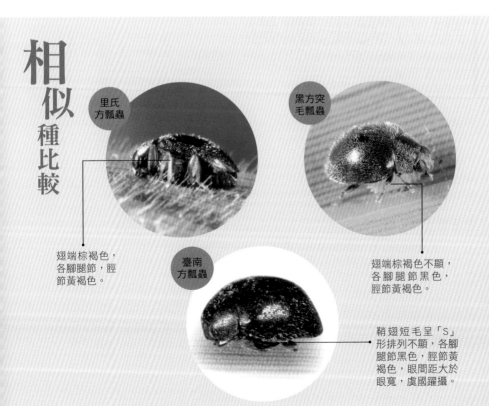

里氏方瓢蟲

翅端棕褐色，各腳腿節，脛節黃褐色。

黑方突毛瓢蟲

翅端棕褐色不顯，各腳腿節黑色，脛節黃褐色。

臺南方瓢蟲

鞘翅短毛呈「S」形排列不顯，各腳腿節黑色，脛節黃褐色，眼間距大於眼寬，虞國躍攝。

小型，體背黑色，密生白色短毛。

黑方突毛瓢蟲
Sasajiscymnus kurohime (Miyatake, 1959)

體型	L：1.7~2.2mm	食性
	W：1.3~1.6mm	

模式產地：沖繩

同物異名：*Pseudoscymnus kurohime* (Miyatake, 1959)

形態特徵

體卵形，披灰白色細毛。鞘翅呈「S」形排列。體黑色，前胸背板前緣及鞘翅後緣棕紅色，很窄。足棕紅色，但腿節大部分為黑色。

生活習性

分布於平地至中海拔山區，捕食甘蔗綿蚜、居竹偽角蚜等蚜蟲，也記錄捕食粉蚧。

分布

臺灣（臺北、新竹、南投、臺中、高雄）；福建、廣東、海南、雲南、貴州；日本、越南、密克羅尼西亞。

 備 註

有幾筆紀錄（Kamiya, 1965；Yang, 1971；Sasaji, 1988a；Yu, 1995）。

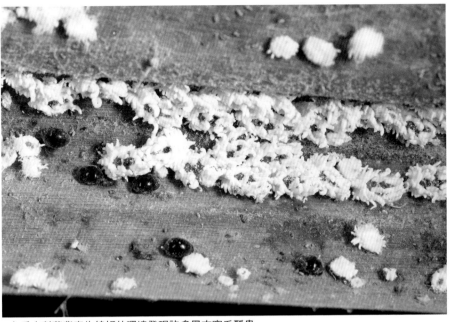

▲在禾本科葉背密生綿蚜的環境發現許多黑方突毛瓢蟲。

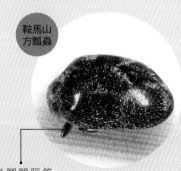

▶受到騷擾後就地裝
　死或掉落地面。

相似種比較

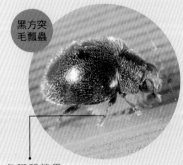
黑方突
毛瓢蟲

各腳腿節黑
色，脛節以
下黃褐色。

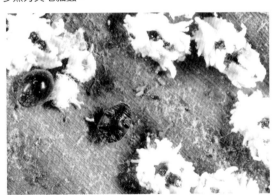
鞍馬山
方瓢蟲

各腳腿脛節
都是黑色，
虞國躍攝。

247

◀前胸背板黃褐
色，中部具一
縱向黑斑。

◀鞘翅黑色，
每一鞘翅具
一黃棕色的
「0」形斑。

圓斑方瓢蟲

Sasajiscymnus orbiculatus (Yang, 1971)

模式產地：臺灣（臺中）

同物異名：*Pseudoscymnus orbiculatus* Yang, 1971

特有種 體型 L：2.0~2.3mm 食 W：1.5~1.8mm 性

形態特徵

　　體卵形，披黃白色細毛。頭黃褐色。前胸背板黃褐色，中部具一縱向黑斑，前大後小，有時斑紋縮小。鞘翅黑色，每一鞘翅具一黃棕色的「0」，此斑中間黑色，「0」形斑與黃棕色的翅端相連。

生活習性

　　分布於中海拔山區（1200~2150公尺）。

分布

　　臺灣（臺中、南投、嘉義）。

　　圓斑方瓢蟲分布於中海拔山區，已知最高分布地是阿里山。

 備 註

　　有 3 筆紀錄（Yang, 1971；Sasaji, 1988a；Yu, 1995）。

鞘翅黃棕或紅棕色，在鞘翅基 2 / 3 具一個「C」字形黑斑，陳榮章攝。

弧斑方瓢蟲

Sasajiscymnus parenthesis (Weise, 1923)

模式產地：臺灣（屏東）

同物異名：*Pseudoscymnus montanus* Yang, 1971
　　　　　Nephus parenthesis Weise, 1923

特有種　體型　L：2.4~2.5mm　食性
　　　　　　　W：1.6~1.7mm

形態特徵

　　體卵形，披淡黃色毛。頭、前胸背板黃棕色。鞘翅黃棕或紅棕色，在鞘翅基 2 / 3 具一個「C」字形黑斑（左鞘翅），即沿鞘翅基部、側緣的 1 / 2，再斜伸入鞘翅內側；鞘縫黑褐色，但不達翅端，有時基部 1 / 3 具寬大的黑褐斑。足黃棕色。

生活習性

　　分布於中、低海拔山區及平地。

分布

　　臺灣（臺北、南投、臺中、屏東）。

　　弧斑方瓢蟲分布於平地至中、低海拔山區的闊葉樹上活動，像是海拔 1150 公尺的南投霧社。形態上與斑紋相連的五斑方瓢蟲接近，但後者近鞘縫中部的黑斑明顯。

 備 註

　　有 2 筆紀錄（Weise, 1923；Yang, 1971）。

▲足黃棕色。

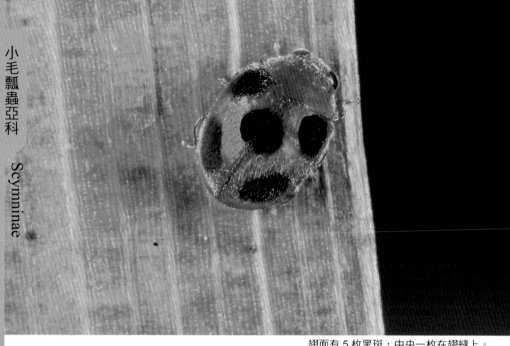

翅面有 5 枚黑斑，中央一枚在翅縫上。

五斑方瓢蟲

Sasajiscymnus quinquepunctatus (Weise, 1923)

體型	L：2.2~2.3mm	食	
	W：1.5~1.6mm	性	

模式產地：臺灣（屏東）

同物異名：*Nephus quinquepunctatus* Weise, 1923
　　　　　Pseudoscymnus quinquepunctatus (Weise, 1923)

形態特徵

　　體卵形，披黃白色細毛。體背黃褐色，兩鞘翅上共有 5 個黑斑，有時前胸背板中央具一大黑斑。腹面包括足黃褐色，但後胸中央黑褐色。

生活習性

　　分布於中、低海拔山區，記載可捕食橘黑刺粉蟲。

分布

　　臺灣（臺北、臺中、南投、嘉義、屏東）；琉球。

備註

　　僅 3 筆紀錄（Weise, 1923；Yang, 1971；Yu, 1995）。

　　五斑方瓢蟲是一隻讓人懷念的瓢蟲，2005 年 3 月在明池森林遊樂區拍照時，不知從哪裡飛來的瓢蟲就停在鏡頭前方，對於這種突然的驚奇，有時候也會想把牠抓到盒子裡再慢慢攝取畫面，但用手抓不見得比按快門保險，所以掌握攝影的瞬間是很重要的。五斑方瓢蟲分布於中海拔山區，數量稀少，斑紋容易和五斑廣盾瓢蟲混淆，辨識要領為觀察近翅肩的斑，本種在翅肩上，五斑廣盾瓢蟲的斑在翅肩更下方。

▶主要分布中海拔山區，數量不多。

▲五斑方瓢蟲，末斑不達翅端且斜向。

▲前胸背板具黑斑的個體。

▲前胸背板不具黑斑的個體。

相似種比較

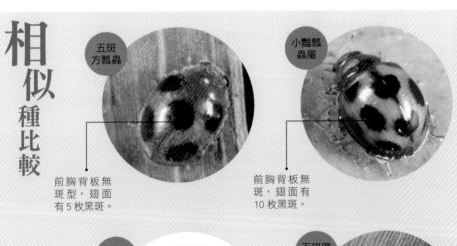

五斑方瓢蟲

前胸背板無斑型，翅面有5枚黑斑。

小黯瓢蟲屬

前胸背板無斑，翅面有10枚黑斑。

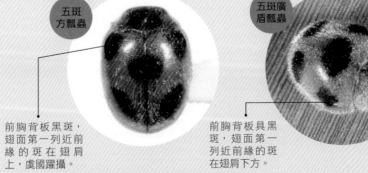

五斑方瓢蟲

前胸背板黑斑，翅面第一列近前緣的斑在翅肩上，虞國躍攝。

五斑廣盾瓢蟲

前胸背板具黑斑，翅面第一列近前緣的斑在翅肩下方。

251

◀體卵形，披毛弱「S」形排列。

◀前胸背板紅棕色，中基部具一大黑斑。

二岐小毛瓢蟲

Scymnus (Scymnus) bifurcatus Yu, 1995

模式產地：臺灣（嘉義）

特有種 體型 L：2.0~2.7mm｜食性｜W：1.4~1.9mm

形態特徵

體卵形，披毛弱「S」形排列。頭棕色。前胸背板紅棕色，中基部具一大黑斑，不達前緣。鞘翅黑色，端部 1 / 7 紅棕色，分界線不明顯，或更小，僅翅端紅棕色。腹部及足黃棕色，中後胸及腹基部黑色。

生活習性

分布於中、低海拔山區（600~2150 公尺）。

分布

臺灣（南投、嘉義、臺中）。

二岐小毛瓢蟲分布於中、低海拔山區，採集到的標本數量很多，但對其生物學習性一無所知。形態辨識上可從第一腹板後基線不完整、前胸腹板縱隆區細長（在基部向前收窄和端大部平行）與他種作區分。

備註

僅 1 筆（Yu, 1995），記錄於嘉義。

252

◀前胸背板黃棕色具一黑斑，或無斑。

◀屏東鵝鑾鼻產雄成蟲。

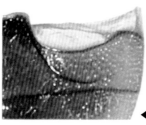

◀臺中萬豐山產雌成蟲。

◀第一腹板後基線。

雲小毛瓢蟲

Scymnus (*Scymnus*) *nubilus* Mulsant, 1850

模式產地：印度

同物異名：*Scymnus* (*Scymnus*) *nigrosuturalis* Kamiya, 1961

體型 L：2.0~2.3mm　W：1.3~1.4mm　食性

形態特徵

　　體卵形，披黃白色細毛。雄性頭黃棕色，雌黑褐色。前胸背板黃棕色具一黑斑，或無斑；雌性黑斑大，僅前緣及側緣棕色。鞘翅棕色，翅基部黑褐色，寬度與前胸背板的黑斑相近，深色區沿鞘縫漸漸收縮，不達翅端；有時翅緣黑褐色。

生活習性

　　分布於平地至中海拔山區，捕食多種蚜蟲、粉蚧、粉蝨等。

分布

　　臺灣（南投、臺中、雲林、屏東）；日本、印度、斯里蘭卡、巴基斯坦、緬甸、尼泊爾、密克羅尼西亞。

　　雲小毛瓢蟲分布於平地至中海拔山區，捕食蚜蟲、粉介殼蟲、粉蝨等，各齡幼蟲的體背被有厚厚的蠟粉，可防禦螞蟻的攻擊，因此常捕食有螞蟻看護的蚜蟲和粉介殼蟲。形態上與黑襟毛瓢蟲斑紋型相近，本種後基線不完整，後基線內側的刻點大小不一，和鞘翅上的毛不呈強烈的「S」形。

備註

　　有 2 筆紀錄（Yang et Wu, 1972；Sasaji, 1986）。

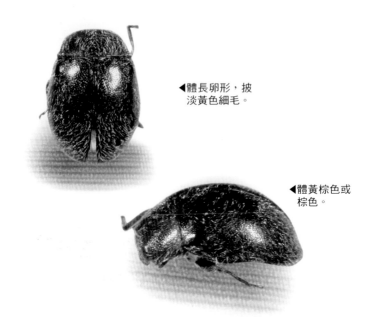

◀體長卵形，披淡黃色細毛。

◀體黃棕色或棕色。

鄉舍小毛瓢蟲
Scymnus (Scymnus) paganus Lewis, 1896
模式產地：日本

體型	L：2.4mm	食性
	W：1.6mm	

形態特徵

體長卵形，披淡黃色細毛。體黃棕色或棕色。鞘翅顏色稍深，翅端較淺。

生活習性

分布於中、低海拔山區，數量較少。

分布

臺灣（南投）：日本。

鄉舍小毛瓢蟲分布於中、低海拔山區，數量稀少。本種體型特殊，體長卵形，前胸背板也長，兩側緣幾乎直線形，前胸腹背兩縱隆線間距很寬。

備　註

僅 1 筆紀錄（虞國躍 , 2011）。

全體棕色或黑褐色。

梵淨小瓢蟲

體型　L：2.2~2.7mm　食性
　　　W：1.6~1.9mm

Scymnus (*Pullus*) *fanjingicus* Ren et Pang, 1995

模式產地：中國（貴州）、臺灣（嘉義）。

形態特徵

　　體卵形，披金黃色細毛。全體棕色或黑褐色，複眼黑色。第一腹板後基線完整或不完整，幾達腹板的後緣。

生活習性

　　海拔山區（1200~2400 公尺）。

分布

　　臺灣（宜蘭、嘉義、南投）；貴州。

　　梵淨小瓢蟲分布於臺灣和中國大陸的西南省分，然而鄰近的福建卻沒有分布；通常以中海拔山區數量較多。當初發現新種時，選擇的正模採於貴州梵淨山。辨識上，掌握蟲體較大、全體一色（棕色或黑褐色），第一腹板後基線等特徵即可與其他種類區分。

▲複眼黑色。

▲披金黃色細毛。

255

◀全體黃棕色
至棕色。

◀披較長的金
黃色細毛。

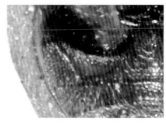

▲示後基線。

蓋端小瓢蟲

Scymnus (Pullus) perdere Yang, 1978

模式產地：臺灣（屏東）

特有種　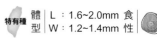 體型　L：1.6~2.0mm　食性　W：1.2~1.4mm

形態特徵

體卵形，披較長的金黃色細毛。全體黃棕色至棕色。第一腹板後基線完整，幾達腹板後緣，外側斜直伸向基部。

生活習性

分布於中、低海拔山區。

分布

臺灣（南投、嘉義）；浙江、江西、福建、廣東。

蓋端小瓢蟲分布於中、低海拔山區，生活於闊葉樹上，數量很多，在1977年自奮起湖採集的標本即達154只。這種瓢蟲的分布方式與梵淨小瓢蟲相反，於臺灣相鄰的福建、廣東、浙江等省都有分布，辨識上可從個體大小、後基線特徵與他種作區分。

 備 註

有 2 筆紀錄（Yang, 1978b；Yu, 1995）。

◀全體黃棕色
至棕色。

◀披較長的黃
白色細毛。

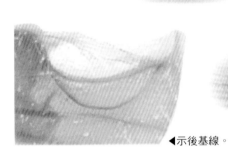

◀示後基線。

高砂小瓢蟲
Scymnus (*Pullus*) *takasago* Kamiya, 1965
模式產地：臺灣（南投）

 特有種　體型　L：1.9~2.4mm　食性　W：1.3~1.8mm

形態特徵

　　體卵形，披較長的黃白色細毛。全體黃棕色至棕色。第一腹板後基線完整，較偏寬，後緣遠不達腹板後緣。

生活習性

　　分布於中、低海拔山區（650~2300 公尺）。

分布

　　臺灣（南投、臺中、嘉義、高雄）。

　　高砂小瓢蟲分布於中、低海拔山區，數量很多，1977 年自奮起湖採集的標本即達 359 只。形態與蓋端小瓢蟲相近，但後基線的形態完全不同，本種後基線比較偏寬。

備註

　　有 4 筆紀錄（Kamiya, 1965；Sasaji, 1986；1988a；Yu, 1995）。

◀頭及前胸淺
紅棕色。

◀披黃白色毛。

鳩間小瓢蟲
Scymnus (Pullus) hatomensis Kamiya, 1965
模式產地：琉球

體型 | L：1.6~1.7mm | 食
型 | W：1.1~1.2mm | 性

形態特徵
　　體卵形，披黃白色毛。頭及前胸淺紅棕色。鞘翅黑色，翅端約 1 / 2 淺紅棕色，黑色區後緣內凹。

生活習性
　　分布於低海拔山區。

分布
　　臺灣（臺北、臺中、高雄）：琉球。

　　鳩間小瓢蟲分布於低海拔山區，數量不多。形態上與雙鱗彎葉毛瓢蟲 *Nephus* （*Geminosipho*） *ancyroides* （前胸背板黃棕色者）相近，辨識上可從後者後基線不完整，以及鞘翅緣折黃棕色來作區分。

備 註
　　有 1 筆（Sasaji, 1988a），記錄於高雄。

◀前胸背板
黃色。

◀鞘翅黑色，
翅端 1 / 3
黃色。

內囊小瓢蟲

Scymnus (Pullus) yangi Yu et Pang, 1993

體 | L：1.6~1.8mm 食
型 | W：1.0~1.1mm 性

模式產地：臺灣（苗栗）

同物異名：*Scymnus (Pullus) bicolor* Yang, 1978, nec. Philippi, 1854
Scymnus (Pullus) vihpuensis Hoang, 1982

形態特徵

體卵形，披淡黃白色毛。頭黃色。前胸背板黃色。鞘翅黑色，翅端 1 / 3 黃色。腹面黃或黃棕色，但中後胸黑褐色。第一腹板後基線較偏寬，伸達腹板的 2 / 3。

生活習性

分布於平地至中海拔山區。

分布

臺灣（臺北、苗栗、南投、臺中、嘉義）；浙江、福建、廣東、海南、廣西；越南。

內囊小瓢蟲分布於平地至中海拔山區，生活在灌叢及闊葉樹上。個體較小，翅端 1 / 3 黃色，與 *S.（P.） contemtus* 相近，但後者在近鞘縫處具 2 列粗大刻點，辨識上可以此作區分。

備 註

有 2 筆紀錄（Yang, 1978b；Yu, 1995）。

259

體長約 2.2~2.6mm，腹端的 1 / 5 處黃褐色。

箭端小瓢蟲

Scymnus (Pullus) oestocraerus Pang et Huang, 1985

模式產地：中國（福建）

體	L：2.2~2.6mm	食	
型	W：1.5~1.8mm	性	

形態特徵

體短卵形，披黃白色細毛，鞘翅上排列簡單。頭黃色。前胸背板黃色。鞘翅黑色，翅端約 1 / 5 黃色。腹面黃色，中後胸黑色，有時腹部中基部黑褐色。雄性第 V 腹板後緣明顯內凹。

生活習性

分布於中、海拔山區（650~2200公尺）。

分布

臺灣（嘉義、南投、臺中）；福建、廣西、海南、貴州；越南。

本種筆者共有 2 筆紀錄，分別為 2004 年 11 月新店銀河洞和 2009 年 8 月鞍馬山，低、中海拔山區可見。

箭端小瓢蟲分類於小瓢蟲亞屬，有 24 種之多，本書陳列 17 種，其中與頭、胸背板黃褐色無斑型態近似的 4 種相較，本種體型稍大，腹端 1 / 5 處黃褐色，其餘 3 種腹端黃褐色分布比例 1 / 2、1 / 3、1 / 8，這類小瓢蟲其實很難單獨從照片區分種別，但只要有多種採樣擺在一起就容易分辨許多，若要科學鑑定就必需有標本和結構上的解讀。

備 註

僅 1 筆（Yu, 1995），記錄於奮起湖。可從較大的個體和翅端約 1 / 5 黃色與他種作區分。

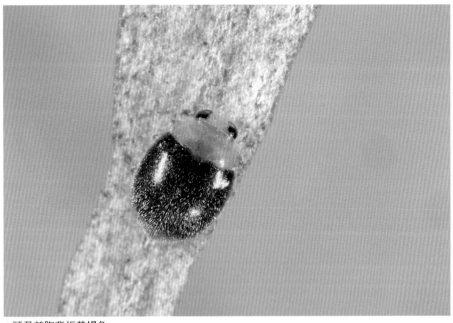

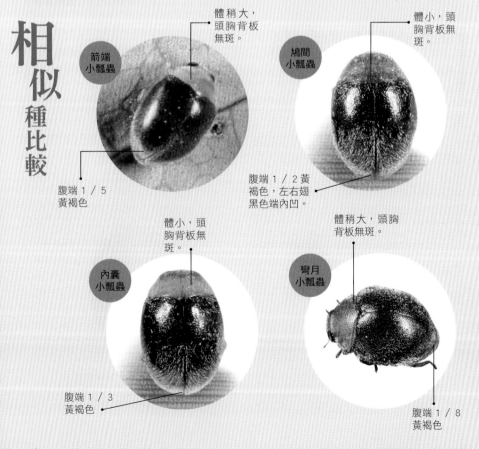

箭端小瓢蟲　體稍大，頭胸背板無斑。

腹端 1 / 5 黃褐色

鳩間小瓢蟲　體小，頭胸背板無斑。

腹端 1 / 2 黃褐色，左右翅黑色端內凹。

內囊小瓢蟲　體小，頭胸背板無斑。

腹端 1 / 3 黃褐色

彎月小瓢蟲　體稍大，頭胸背板無斑。

腹端 1 / 8 黃褐色

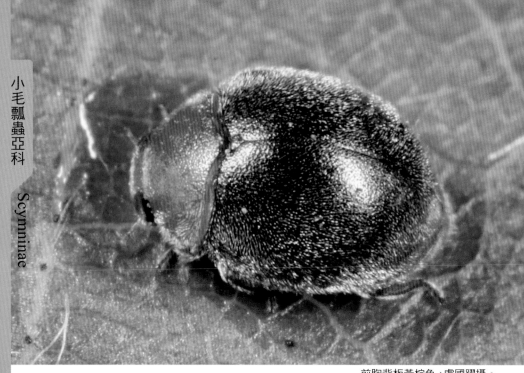

前胸背板黃棕色，虞國躍攝。

彎葉小瓢蟲
Scymnus (*Pullus*) *shirozui* Kamiya, 1965
模式產地：臺灣（新北市）

體型｜L：2.8~2.9mm 食
　　｜W：1.9~2.2mm 性

形態特徵

　　體卵形，披淡黃白色細毛。頭黃棕色，前胸背板黃棕色。鞘翅黑色，端部 1 / 8 黃棕色。腹面除中後胸黑褐色外其餘為黃棕色。足黃棕色。

生活習性

　　分布於低海拔山區，數量稀少。

分布

　　臺灣（新北市、南投）；廣東。

　　僅 1 筆紀錄（Kamiya, 1965）。

　　彎葉小瓢蟲分布於低海拔山區，數量稀少，捕食闊葉樹葉背的盾介殼蟲。本種個體較大，雌雄兩性腹第 5 節後緣向外圓突，並具大小不等的小鋸齒可與其他種區分。

▲鞘翅黑色，端部 1 / 8 黃棕色。

◀前胸背板
黃棕色。

◀披淡黃色
細毛。

◀體長卵形，中
度拱起，披淡
黃色細毛。

◀花蓮大禹嶺
產成蟲。

鏽色小瓢蟲

Scymnus (Pullus) dorcatomoides Weise, 1879

模式產地：日本

體型 | L：1.6~1.9mm 食
W：1.0~1.3mm 性

形態特徵

　　體長卵形，中度拱起，披淡黃色細毛。頭黃棕色。前胸背板黃棕色，或基部有一小黑斑。鞘翅黑色，端部黃棕色，窄，約 1 / 10，分界不清；或鞘翅黑褐色或棕色。腹面黃棕色，中後胸腹板黑色，或腹部中基黑色。

生活習性

　　分布於中海拔山區（1200~2560公尺）。

分布

　　臺灣（嘉義、南投、花蓮、高雄）；四川；日本、越南。

備 註

　　有 2 筆紀錄（Ohta, 1929a；Yu, 1995）。

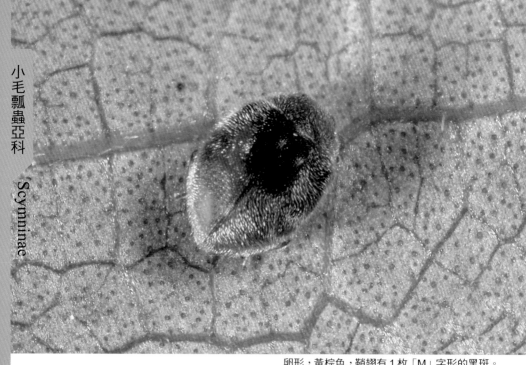

卵形，黃棕色，鞘翅有 1 枚「M」字形的黑斑。

中黑小瓢蟲

Scymnus (Pullus) centralis Kamiya, 1965

模式產地：臺灣（新北市）

體型	L：1.8~2.2mm	食性
	W：1.3~1.5mm	

形態特徵

體卵形，披黃白色毛。背面黃棕色，鞘翅上具一「M」黑斑，側面的黑斑比鞘縫處更長；或鞘縫與翅側的斑分離；或鞘翅上的黑斑消失，全體為黃棕色。

生活習性

分布於中、低海拔山區，捕食蚜蟲。

分布

臺灣（新北市、南投、嘉義、高雄）；河南、福建、廣東、海南；越南。

中黑小瓢蟲為小型瓢蟲，翅面有 1 枚容易分辨的黑色「M」字形斑紋，體背黃棕色披黃白色短毛，當鞘翅上的「M」斑消失時，與其他體棕色的小毛瓢蟲不易區分。

在筆者的檔案裡照片很多，但僅有一張捕食蚜蟲的畫面，沒有卵和幼蟲，可見這類小毛瓢蟲要記錄完整的生活史並不容易；照片大半都在 1~3 月及 6~8 月的烏來山區拍攝，其中兩次發現棲息杜虹花葉背，為常見的瓢蟲。

備註

有幾筆紀錄（Kamiya, 1965；Yang, 1978b；Sasaji, 1988a；Yu, 1995；Yu & Wang, 1999c）。

▲頭、胸背板黃棕色。

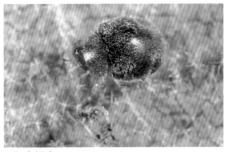

▲取食蚜蟲。

▲棲息杜虹花葉背。

▲翅膀具「M」字形黑斑。

相似種比較

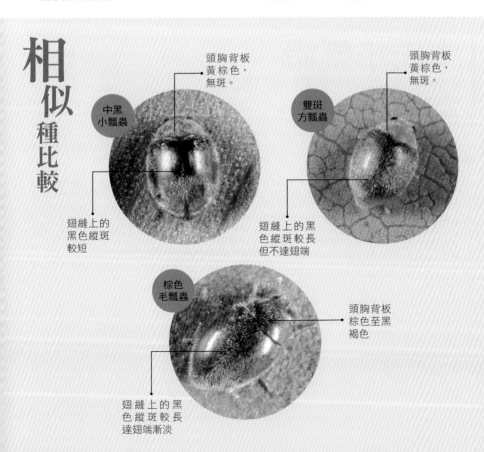

中黑小瓢蟲

頭胸背板黃棕色，無斑。

翅縫上的黑色縱斑較短

雙斑方瓢蟲

頭胸背板黃棕色，無斑。

翅縫上的黑色縱斑較長但不達翅端

棕色毛瓢蟲

頭胸背板棕色至黑褐色

翅縫上的黑色縱斑較長達翅端漸淡

265

◀鞘翅黑色，
端部 1 / 3
黃棕色。

◀前胸背板
紅棕色。

龐氏小瓢蟲

Scymnus (*Pullus*) *pangi* Fürsch, 1989

模式產地：臺灣（屏東）

體型	L：2.5~2.7mm 食
	W：2.5~2.7mm 性

同物異名：*Scymnus* (*Scymnus*) *formosanus* Fürsch, 1966 (nec. Weise, 1923)
Scymnus (*Nipponopullus*) *hoocalis* Pang et Gordon, 1986

形態特徵

體卵形，披黃白色細毛。頭黃棕色。前胸背板紅棕色。鞘翅黑色，端部 1 / 3 黃棕色，中長方形；在鞘縫的中基部具一個大紅棕色圓斑，分界不清。

生活習性

分布於平地至低海拔山區。

分布

臺灣（屏東、嘉義）；廣東、香港、海南、廣西；越南。

龐氏小瓢蟲分布於平地至低海拔山區，數量不多。

備 註

有幾筆紀錄（Fürsch, 1966；1989；Yu, 1995）。

◀前胸背板栗色，中基部具一大黑斑。

◀披黃白色細毛。

卵斑小瓢蟲

Scymnus (*Pullus*) *ovimaculatus* Sasaji, 1968

模式產地：馬來西亞

體型 L：2.0~2.1mm
W：1.4~1.5mm
食性

形態特徵

體短卵形，披黃白色細毛，在鞘翅上呈「S」形排列。頭栗色。前胸背板栗色，中基部具一大黑斑，達前緣的 4 / 5。鞘翅黑色，外緣栗色。

生活習性

分布於海邊及平地，捕食蚜蟲、粉蝨。

分布

臺灣（臺東）：廣東、香港、海南；馬來西亞。

卵斑小瓢蟲在 2011 年記錄於臺灣，4 只標本於 1982 年 5 月採於蘭嶼。這種瓢蟲常生活在海邊及平地的植物上，捕食蚜蟲、粉蝨。外形與黃環黯瓢蟲相似，但後者的毛很細，體更圓、更扁平。

 備 註

僅 1 筆紀錄（虞國躍 , 2011）。

鞘翅披白色短毛呈「S」形排列，近腹端 1 / 10 褐色。

束小瓢蟲

Scymnus (Pullus) sodalis Weise, 1923

模式產地：臺灣（屏東、高雄）

同物異名：*Pullus sodalis* Weise, 1923

體型 L：1.9~2.2mm
W：1.3~1.6mm

食性

形態特徵

體卵形，披淡黃白色毛。頭棕色。前胸背板棕色，中基部具黑斑，長度常不及前胸背板的 4 / 5。鞘翅黑色，翅端約 1 / 10 棕色；鞘翅上的毛呈明顯「S」形排列。

生活習性

分布於平地至中海拔山區，捕食蚜蟲。

分布

臺灣（臺北、桃園、新竹、臺中、南投、高雄、屏東）；河南、江蘇、浙江、湖北、福建、廣東；日本、印度、尼泊爾、越南。

與束小瓢蟲斑型近似的種類不少，若沒拍到重要特徵不容易分辨，辨識上通常可從前胸背板具一個三角形黑斑，並不擴大到側緣，鞘縫兩側具 2 列粗大刻點等作初步鑑定。

比較 4 種近似種，以前胸背板顏色、黑斑大小與鞘翅端褐色分布面積可作為判斷各種間的不同；本種普遍分布於低、中海拔山區，個人記錄以 4 月及 10~12 月較為多見，有些個體夜晚會趨光，成蟲幼蟲皆以蚜蟲為食。

備 註

有一些紀錄（Weise, 1923；Sasaji, 1986；1988a；1991；Yu, 1995）。

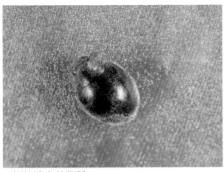

▲新竹清泉的個體。

▲新北市烏來的個體（捕食蚜蟲）。　　　　▲花蓮天祥的個體（趨光）。

▲棲息禾本科植物捕食蚜蟲，新北市土城山區個體。

▲雲林草嶺的個體。

相似種比較

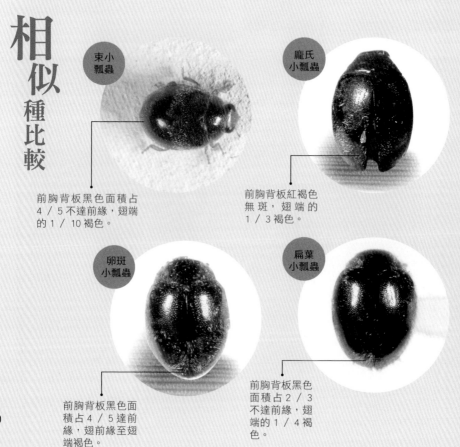

束小瓢蟲

前胸背板黑色面積占
4／5不達前緣，翅端
的１／10褐色。

龐氏小瓢蟲

前胸背板紅褐色
無斑，翅端的
１／3褐色。

卵斑小瓢蟲

前胸背板黑色面
積占4／5達前
緣，翅前緣至翅
端褐色。

扁葉小瓢蟲

前胸背板黑色
面積占2／3
不達前緣，翅
端的１／4褐
色。

◀鞘翅黑色，翅端
1／4弱棕色。

◀體長卵形，披
黃白色毛。

雙旋小瓢蟲
Scymnus (Pullus) bistortus Yu, 1995
模式產地：臺灣（嘉義）

特有種　體型　L：1.7~2.3mm　食
　　　　　　　W：1.2~1.4mm　性

形態特徵

　　體長卵形，披黃白色毛。頭棕色，頭頂黑褐色，或頭黑色，具棕色唇基。前胸背板黑色，或具棕色的前胸。鞘翅黑色，翅端1／4弱棕色。腹面黑色或黑褐色。

生活習性

　　分布於中海拔山區。

分布

　　臺灣（嘉義）。

　　雙旋小瓢蟲分布於中海拔山區，目前僅知在阿里山有分布，數量不多。辨識技巧可從體長形、兩側幾乎平行來與其他小毛瓢蟲作區分。

 備　註

僅有 1 筆（Yu, 1995）。

前胸背板黃褐色，近後緣有 1 枚黑斑，斑型小於束小瓢蟲。（烏來）

扁葉小瓢蟲

Scymnus (Pullus) petalinus Yu, 1995

模式產地：臺灣（嘉義）

特有種

體型	L：2.1~2.4mm	食性
	W：1.5~1.7mm	

形態特徵

體卵形，披黃白色細毛。頭黃棕色，前胸背板紅棕色，中基部具一黑斑，或大或小，可達前胸背板的 2 / 3。鞘翅黑色，翅端約近 1 / 4（或更少）紅棕色。

生活習性

分布於中、低海拔山區。

分布

臺灣（新北市、嘉義、南投、臺中）。

扁葉小瓢蟲外觀近似束小瓢蟲，但本種翅端的淺色區寬大，可從前胸背板黑斑及翅端褐色大小作區分。筆者過去曾在惠蓀林場拍到一對交尾的個體，雌蟲前胸背板的黑斑大於雄蟲，而蘭嶼的個體鞘翅毛斑呈強烈的「S」形排列，比較各地區的個體十分有趣；發現於烏來的個體取食粉蚧蚜，側拍可見翅端褐色分布大於束小瓢蟲。

備註

僅 1 筆紀錄（Yu, 1995）。

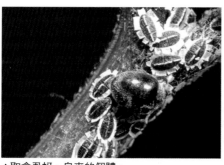

▲取食蚜蟲，烏來的個體。

▲交尾，惠蓀林場的個體。

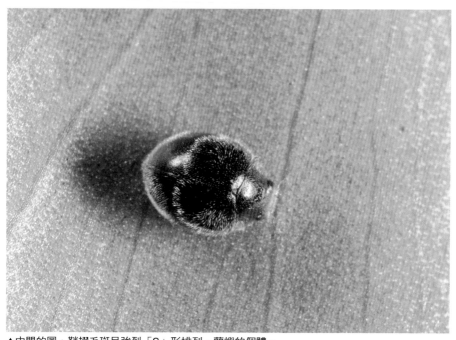

▲中間的圖，鞘翅毛斑呈強烈「S」形排列，蘭嶼的個體。

相似種比較

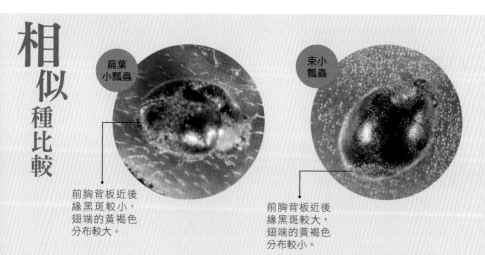

扁葉小瓢蟲

束小瓢蟲

前胸背板近後緣黑斑較小，翅端的黃褐色分布較大。

前胸背板近後緣黑斑較大，翅端的黃褐色分布較小。

273

雌、雄異體，交尾時取食蚜蟲。

後斑小瓢蟲
Scymnus (*Pullus*) *posticalis* Sicard, 1912
模式產地：緬甸

體型	L：1.9~2.2mm	食	
	W：1.3~1.5mm	性	

形態特徵

體卵形，披淡黃白色細毛。頭雄性紅棕色，雌黑色，唇基紅棕色；前胸背板黑色，雄性前緣及前角紅棕色，較小，雌性黑色。鞘翅黑色，端部 1 / 6 黃棕色。足紅棕色。

生活習性

分布於平地至中海拔山區，常在有螞蟻看護的蚜群中捕食。

分布

臺灣（臺北、新北市、南投、高雄、嘉義、屏東）；河南、陝西、湖北、福建、廣東、廣西、四川、貴州、雲南；日本、越南、緬甸。

▲後斑小瓢蟲，腹面，端部褐色其餘黑色。

 備 註

有幾筆紀錄（龐雄飛，1984；Sasaji，1988a；Yu, 1995）。從雄性頭紅棕色、雌性黑色，前胸背板幾乎全黑及翅端 1 / 6 黃棕色確定本種。

　　後斑小瓢蟲呈卵形，黑色，體披短毛，與前列黑方突毛瓢蟲、里氏方瓢蟲、臺南方瓢蟲、鞍馬山方瓢蟲等瓢蟲外形近似，但光從照片不容易分辨。

　　本種為雌雄異體，2008 年 5 月筆者在新北市土城山區看到一組交尾的個體，很幸運地拍攝到 9 張不同角度的畫面，解讀照片後發現，雌、雄體背黑色披淡黃白色短毛，翅端及各腳褐色，雄蟲較小頭部褐色，雌蟲較大頭部黑色。

　　由於小毛瓢蟲亞科通常不容易拍攝也難以分辨，無法從單一照片就能知道種別，因此拍照時宜多取角度，尤其頭部、體背、體側、各腳的畫面，惟需注意這類小瓢蟲都很敏感，受騷擾通常會直接掉落，而不是飛走喔！

▲幼蟲體背密生白色蠟絲呈束狀突起。

▲雌、雄於棲息環境，雄蟲體型較小，頭部褐色，雌蟲黑色。

相似種比較

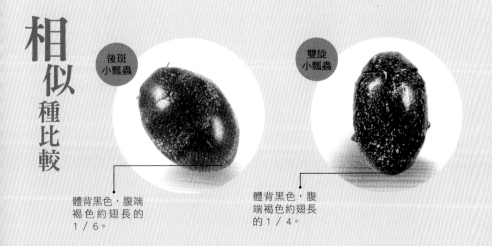

後斑小瓢蟲
體背黑色，腹端褐色約翅長的 1 / 6。

雙旋小瓢蟲
體背黑色，腹端褐色約翅長的 1 / 4。

小型，體披短毛，翅面左右有 2 枚斜向的黃褐色斑。

四斑小瓢蟲

Scymnus (Pullus) quadrillum Motschulsky, 1858

| 體 | L：1.5~1.8mm | 食 | |
| 型 | W：1.1~1.4mm | 性 | |

模式產地：印度

同物異名：*Pullus taiwanus* Ohta, 1929
　　　　　Scymnus (Pullus) taiwanus (Ohta, 1929)
　　　　　Scymnus hilaris ab. *awanus* Ohta, 1929

形態特徵

體短卵形。頭黃棕色，前胸背板黑色，前緣及側緣黃棕色。鞘翅黑色，每一鞘翅具一對前後排列的黃棕色斑，有時兩斑接近。

生活習性

分布於平地至低海拔山區，捕食蚜蟲。

分布

臺灣（臺北、臺中、嘉義、高雄、臺南、屏東）；浙江、福建、廣東、廣西、海南；菲律賓、越南。

四斑小瓢蟲翅面有 4 枚黃褐色斑因而得名，2007 和 2008 年筆者於清明節回鄉，看到在庭院的文殊蘭葉基處聚集很多這種小瓢蟲，體長僅 1.5~1.8mm，十分好動不好拍，牠們在受驚嚇後紛紛掉落或飛離，但不久又回到原來的地方，且連續兩年都在同一株植物上出現，屬於捕食性。據觀察後發現牠僅出現在 4 月，但不見卵和幼蟲。本種斑型穩定，與其他近似的小毛瓢蟲相較，本種翅面上的黃褐色斑紋呈斜向，略似四邊形，相當容易辨識。

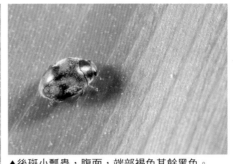

▲後斑小瓢蟲，腹面，端部褐色其餘黑色。

備 註

　　有幾筆紀錄（Weise, 1923；Ohta, 1929a；Yang, 1978b；Pang et Gordon, 1986；Sasaji, 1988a；1991）。Ková（2007）認為是 *Scymnus*（*Pullus*）*latemaculatus* Motschulsky, 1858 的異名，但本種出現在先。與臺毛豔瓢蟲斑紋相近，但後者體更圓、更拱起。

▲後斑小瓢蟲，腹面，端部褐色其餘黑色。

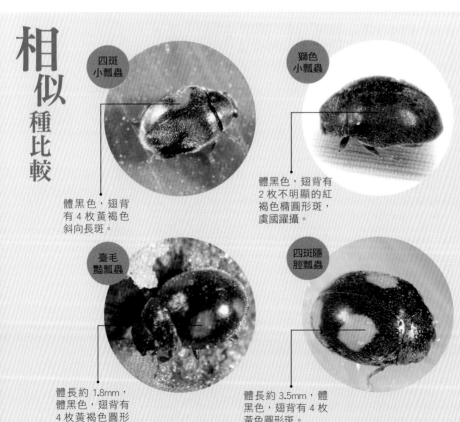

相似種比較

四斑小瓢蟲

體黑色，翅背有 4 枚黃褐色斜向長斑。

獅色小瓢蟲

體黑色，翅背有 2 枚不明顯的紅褐色橢圓形斑，虞國躍攝。

臺毛豔瓢蟲

體長約 1.8mm，體黑色，翅背有 4 枚黃褐色圓形斑。

四斑隱脛瓢蟲

體長約 3.5mm，體黑色，翅背有 4 枚黃色圓形斑。

277

◀體棕色。

◀披黃白色細毛。

阿里山擬小瓢蟲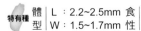

特有種　體型　L：2.2~2.5mm　食性　W：1.5~1.7mm

Scymnus (Parapullus) alishanensis Pang et Yu, 1993

模式產地：臺灣（嘉義）

形態特徵

　　體卵形，披黃白色細毛。體棕色，有時足的腿節和中後胸腹板顏色稍深。

生活習性

　　僅知分布於阿里山（海拔 2400公尺）。

分布

　　臺灣（嘉義）。

 備 註

　　僅 1 筆紀錄（Pang et Yu, 1993）。

　　目前僅知阿里山擬小瓢蟲分布於阿里山，數量很少。擬小瓢蟲亞屬是楊仲圖先生於 1978 年建立的，目前臺灣已知 2 種，中國大陸已知 6 種，分布於西北和西南，另有一種分布於廣東南嶺，總體上呈間斷性分布。本亞屬觸角 10 節，後基線不完整。與臺灣其他本屬的棕色瓢蟲相比，本種體稍長形，後基線不完整，不達後緣。

◀前胸背板紅
棕色。

◀鞘翅黑色，翅端
約 1 ／ 12（或
更少）紅棕色。

立擬小瓢蟲

 特有種 體型 | L：2.1~2.4mm 食 | W：1.4~1.7mm 性

Scymnus (Parapullus) secula Yang, 1978

模式產地：臺灣（臺中）

形態特徵

體長卵形，披黃白色細毛。頭黃棕色。前胸背板紅棕色。鞘翅黑色，翅端約 1 ／ 12（或更少）紅棕色。

生活習性

分布於中海拔山區（2200~2400公尺）。

分布

臺灣（臺中、嘉義）。

立擬小瓢蟲分布於中海拔山區，生活習性不清楚。雲南的鐵杉擬小瓢蟲是從鐵杉上採集到的，臺灣也有鐵杉的分布，或許從針葉樹上可採集到這類瓢蟲。本種體長形，兩側幾乎平行，可與臺灣其他種區分。

 備 註

僅 2 筆紀錄（Yang, 1978a；Yu, 1995）。

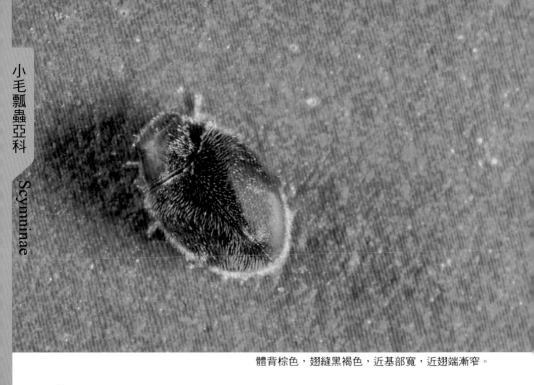

體背棕色，翅縫黑褐色，近基部寬，近翅端漸窄。

棕色毛瓢蟲

Scymnus (*Neopullus*) *fuscatus* Boheman, 1858

體型 L：1.9~2.2mm　W：1.4~1.5mm　食性

模式產地：印度

同物異名：*Scymnus* (*Neopullus*) *brunnescens* Motschulsky, 1866
　　　　　Pullus niponicus Lewis, 1896
　　　　　Pullus paganus, Ohta, 1929 (nec. Lewis, 1896)

形態特徵

　　體卵形，披淡黃色長毛。體背棕色，鞘翅縫處和翅的兩側具黑褐色區域，界限不清，或僅在鞘縫處具黑褐色條紋。

生活習性

　　分布於低海拔山區及平地，數量不多，捕食蚜蟲。

分布

　　臺灣（花蓮、嘉義、高雄、屏東）；福建、廣東；日本、菲律賓至南太平洋、印度、斯里蘭卡。

備註

　　有幾筆紀錄（Weise, 1923；Ohta, 1929a；Sasaji, 1988a；1991；Yu, 1995）。

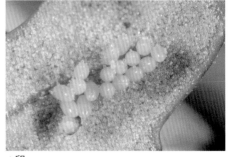

▲卵。

2006 年的冬天筆者到嘉義布袋港調查昆蟲，當時海邊風大又冷，很難在枝葉間找到昆蟲。後來在地面掀開一種葉肉很厚的植物，從裡頭爬出許多昆蟲，這些小蟲子在密葉與地面的窄小空間裡避寒，有棕色毛瓢蟲、背孔長椿、沙地豹蛛，牠們的體色跟泥土都很像。本種主要分布於低海拔山區，成蟲出現 1~3 月，其中一次在高速公路古坑服務區的牆角看見，顯然也是飛過來避冬的。

本亞屬後基線完整，圍繞區內刻點及毛分布多均勻；與前胸背板棕色的雲小毛瓢蟲相似，但後者體背毛短、後基不完整可區分。

▲棕色毛瓢蟲在地面的隙縫裡過冬。（布袋港）

▲棕色毛瓢蟲，分布於中海拔山區的個體。（藤枝）

相似種比較

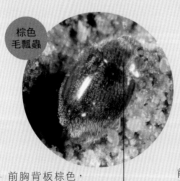
棕色毛瓢蟲

前胸背板棕色，翅基、翅縫與前緣的黑褐色分布界限不明。

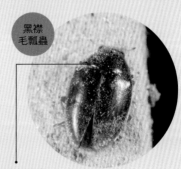
黑襟毛瓢蟲

前胸背板黑色，翅基、翅縫與前緣的黑褐色分布界限明確。

前胸背板黑色，翅縫及側緣黑色。

黑襟毛瓢蟲

Scymnus (Neopullus) hoffmanni Weise, 1879

模式產地：日本

體型 | L：1.7~2.1mm | 食性
W：1.1~1.4mm

形態特徵

體卵形，披淺黃色毛。頭黃棕色至紅棕色。前胸背板棕色，基部具一個黑色，此黑斑可擴大，只剩前角棕色。鞘翅棕色，斑紋多變，最淺的是鞘縫處具黑縱條，伸達鞘翅長的5／6，或斑紋擴大，鞘翅的基部亦為黑色，或鞘翅的側緣為黑色，每一鞘翅的中部具一條棕色縱條。

生活習性

分布於低海拔山區及平地，可在水稻、大豆等農作物上發現，捕食多種蚜蟲。

分布

臺灣（臺中、高雄、屏東）。

黑襟毛瓢蟲記錄於2006年3月臺中霧峰的臺灣省議會紀念園區，當時在池塘旁邊一棵樹幹上，體長不到2mm的牠就藏在樹皮縫裡，體背呈褐色，前胸背板黑色，側緣褐色，鞘翅基部黑色，翅緣黑色，近翅縫端寬大，近前緣端細窄，中間形成褐色縱帶，外觀近似棕色毛瓢蟲、中斑彎葉毛瓢蟲、褐縫基瓢蟲。

 備 註

僅幾筆紀錄（Sasaji, 1988；1991；Yu & Wang, 1999c）。與棕色毛瓢蟲接近，但後者前胸背板棕色。

Column

蠟絲

　　黑襟毛瓢蟲分類於小毛瓢蟲亞科，幼蟲脆弱，體披蠟絲，這種蠟絲具有保護及防禦作用，天敵一旦碰觸到，不僅會影響牠們的對外信號接收系統，還要花費很多時間清理。這種體背覆蠟絲的除了黑襟毛瓢蟲外，還有瓢蠟蟬、蚜蟲、介殼蟲等都具有此功能。筆者曾近距離拍攝過一隻幼蟲，當時不小心碰到蠟絲後，沒想到蠟絲竟然脫落，而一睹瓢蟲廬山真面目。上圖顯示的幼蟲並非本種，據資料顯示，本種幼蟲初齡至四齡幼蟲披蠟很薄，化蛹前很厚，呈棉絮狀但不呈條狀。

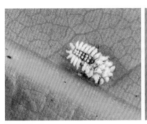

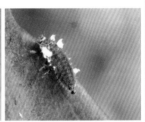

相似種比較

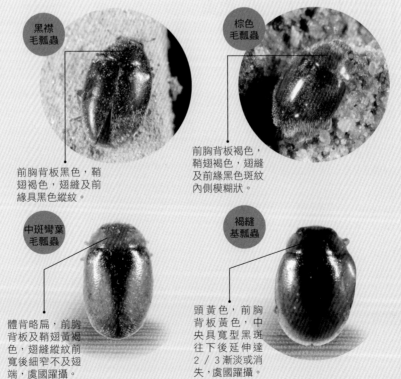

黑襟毛瓢蟲
前胸背板黑色，鞘翅褐色，翅縫及前緣具黑色縱紋。

棕色毛瓢蟲
前胸背板褐色，鞘翅褐色，翅縫及前緣黑色斑紋內側模糊狀。

中斑彎葉毛瓢蟲
體背略扁，前胸背板及鞘翅黃褐色，翅縫縱紋前寬後細窄不及翅端，虞國躍攝。

褐縫基瓢蟲
頭黃色，前胸背板黃色，中央具寬型黑斑往下後延伸達 2／3 漸淡或消失，虞國躍攝。

283

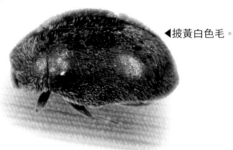

▶鞘翅黑色，翅端小於 1 / 12 棕色。

▶披黃白色毛。

獅色小瓢蟲
Scymnus (*Pullus*) *leo* Yang, 1978
模式產地：臺灣（南投、新竹、苗栗）

特有種 | 體型 | L：2.4~2.7mm | 食性 | W：1.8~1.9mm

形態特徵

體卵形，披黃白色毛。頭棕色，雌性額部具黑斑。前胸背板黑色，僅前緣棕色。鞘翅黑色，翅端小於 1 / 12 棕色，有時翅中基部具一紅棕色橢圓斑。腹面及足棕色，中後胸黑色。

生活習性

分布於平地至中海拔山區（至 1400 公尺）。

分布

臺灣（南投、新竹、苗栗、嘉義、屏東）。

獅色小瓢蟲分布於平地至中海拔山區，在墾丁曾採集過，但數量較少。其體色及體型與隱勢瓢蟲的一些種相近，但具完整的後基線。從體大及幾乎全黑的前胸背板可與臺灣本屬其他種區分，鞘翅上有紅斑時更易區分。

 備 註

有 2 筆（Yang, 1978b；Yu, 1995）。

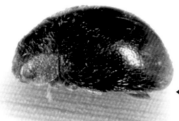

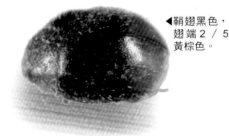

▶體卵形，披黃
白色短毛。

◀前胸背板黃棕
色，中基部具
梯形大黑斑。

◀鞘翅黑色，
翅端 2／5
黃棕色。

雙鱗彎葉毛瓢蟲

體型 L：1.4~1.6mm 食
　　 W：1.0~1.1mm 性

Nephus (Geminosipho) ancyroides Pang et Pu, 1988

模式產地：中國（廣西）

同物異名：*Nephus dilepismoides* Pang and Pu, 1988

形態特徵

　　體卵形，披黃白色短毛，排列簡單。頭黃棕色，前胸背板黃棕色，中基部具梯形大黑斑，有時斑紋可擴大，僅前胸具較大的黃棕斑，或消失。鞘翅黑色，翅端 2／5 黃棕色，但黑色的翅緣可伸達淺色區的 1／2。腹面黃棕色，但中後胸及腹基黑色或黑褐色。

生活習性

　　分布於平地至中海拔山區，捕食粉蚧。

分布

　　臺灣（臺北、南投）；福建、廣東、香港、廣西、海南。

　　雙鱗彎葉毛瓢蟲分布於平地至中海拔山區，以捕食粉介殼蟲為主，數量較少。本屬前胸腹板突上無縱隆線，後基線不完整。從體較小、翅端 2／5 黃棕色且黑色的翅緣繼續前伸，可與其他種區分。

備 註

　　僅 1 筆（Yu, 1995），記錄於臺北。

◀鞘翅黃棕色，
中基部具一
個黑斑。

◀頭和前胸
紅棕色。

◀腹面及足
黃棕色。

中斑彎葉毛瓢蟲

Nephus (Sidis) tagiapatus (Kamiya, 1961)

模式產地：琉球

同物異名：*Scymnus (Nephus) tagiapatus* Kamiya, 1965

體 L：1.3~1.5mm 食
型 W：0.9~1.0mm 性

形態特徵

　　體長卵形，披黃白色短毛，排列簡單。頭和前胸紅棕色。鞘翅黃棕色，中基部具一個黑斑，基部寬，沿鞘縫收窄，不達翅端；有時翅緣亦具黑色的細緣，或翅均為淡黃棕色，無斑紋。腹面及足黃棕色，但中後胸黑褐色。

生活習性

　　分布於平地至中海拔山區（高達2100公尺）。

分布

　　臺灣（臺北、南投、高雄、花蓮、屏東）；廣東、香港、廣西；琉球、越南、泰國、馬來西亞、印度。

　　中斑彎葉毛瓢蟲分布於平地至中海拔山區，屏東的琉球嶼也有分布。外形上與棕色毛瓢蟲接近，但本種體背拱起不強烈、體小、後基線不完整，從以上幾點特徵可作區分。

備　註

　　有 2 筆紀錄（Sasaji, 1988a；Yu, 1995）。

◀鞘翅黃色，基部有一近三角形的黑斑。

◀披淡黃白色毛，較短。

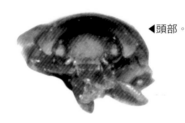

◀足黃色。

◀頭部。

褐縫基瓢蟲
Diomus akonis (Ohta, 1929)

模式產地：臺灣（屏東、高雄）

同物異名：*Pullus akonis* Ohta, 1929
　　　　　Diomus brunsuturalis Pang et Gordon, 1986

體型｜L：1.3~1.4mm｜食
　　｜W：0.8~0.9mm｜性

形態特徵

　　體卵形，披淡黃白色毛，較短。頭黃色。前胸背板黃色，或在基部有黑褐色基斑，或斑紋黑色變大，僅剩前側緣黃棕色。鞘翅黃色，基部有一近三角形的黑斑，伸達鞘翅 2 / 3 的長度；在淺色的個體，前胸及鞘翅均為黃色。腹面及足黃色，有時中後胸腹板紅棕色。

生活習性

　　分布於平地至低海拔山區，可生活在水稻田中。

分布

　　臺灣（臺北、新北市、臺東、臺中、高雄、屏東）；陝西、北京、浙江、福建、廣東、四川、海南；越南。

　　褐縫基瓢蟲分布於平地至低海拔山區，闊葉樹及水稻田可發現其蹤影。曾從北京西山的樹叢中採集到這種瓢蟲，但不知其食性。外形上與中斑彎葉毛瓢蟲相近，但本種複眼小、圓，眼間距大於頭寬的 1 / 2；翅端近於圓形，而後者複眼大，長形，眼間距小於頭寬的 1 / 2，翅端近於平截。

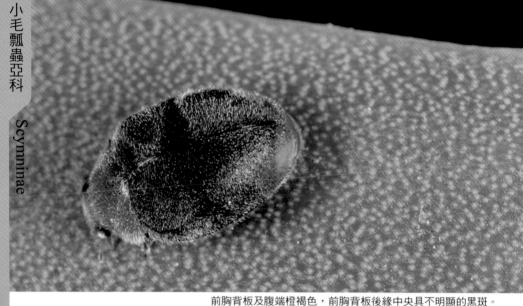

前胸背板及腹端橙褐色，前胸背板後緣中央具不明顯的黑斑。

孟氏隱唇瓢蟲

Cryptolaemus montrouzieri Mulsant, 1853

外來種

體型	L：4.3~4.6mm	食性
	W：3.1~3.5mm	

■ 模式產地：澳大利亞

形態特徵

　　體長卵形，披黃白色毛。頭除黑色複眼外紅黃色，前胸紅黃色，有時中基部具黑色或黑褐色小斑。鞘翅黑色，翅端紅黃色。腹面紅黃色，但足、中後胸和鞘翅緣折黑色，雄性前足色稍淺。

生活習性

　　分布於平地和低海拔山區，幼蟲和成蟲以柑橘粉蚧、鳳梨粉蚧、甘蔗粉蚧等多種粉蚧為食。

分布

　　臺灣（臺北、新北市、嘉義、臺中、臺南）；廣東、香港；澳大利亞、印度、泰國，美國等多個國家和地區引入。

　　孟氏隱唇瓢蟲是筆者拍較多的小毛瓢蟲，時間多集中在 3~5 月，或許和家鄉庭院種植的桑樹、龍眼、破布子、變葉木等植物有關，多種粉介殼蟲吸引本種瓢蟲棲息，幼蟲體覆綿絮狀蠟質，形態近似寄主，老熟幼蟲在葉背或捲葉裡化蛹，蛹藏在第四齡幼蟲皮內，羽化後在蛹殼裡隱伏一段時間才爬出，孵化後的一齡幼蟲就能分泌蠟質。本屬僅一種，原產於紐西蘭，是外來種。

備註

　　紀錄不多（江瑞湖，1956）。為了粉蚧的生物防治而引入臺灣。從個體大及色型可與其他瓢蟲區分。

288

▲幼蟲體覆綿絮條狀的蠟絲，捕食多種粉介殼蟲，形態近似粉介殼蟲。

▲寄主於變葉木的太平洋臀紋粉介殼蟲。

▲孟氏隱唇瓢蟲，複眼好像有瞳眼似的表情很可愛。

相似種比較

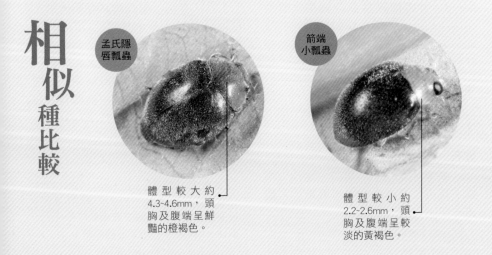

孟氏隱唇瓢蟲

箭端小瓢蟲

體型較大約4.3~4.6mm，頭胸及腹端呈鮮豔的橙褐色。

體型較小約2.2~2.6mm，頭胸及腹端呈較淡的黃褐色。

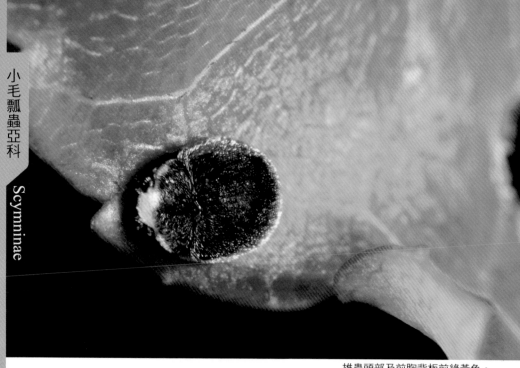

雄蟲頭部及前胸背板前緣黃色。

窄背隱勢瓢蟲
Cryptogonus angusticarinatus Sasaji, 1968

模式產地：臺灣（新北市、南投、臺南、臺東、屏東）

體 型 | L：2.2~2.4mm
| W：1.6~1.9mm

食 性

形態特徵

　　體短卵形。雄性頭部黃色，雌性黑色，唇基紅棕色。前胸背板黑色，雄雌前角黃色斑三角形，達背板長的 2／3，背板前緣具黃色細帶；雌性與雄性相近，但前角斑較狹長，前緣紅棕色更窄。鞘翅全部黑色，翅端棕紅色，窄，有時翅端 1／6 紅棕色。

生活習性

　　分布於中、低海拔山區及平地，捕食蚜蟲。

分布

　　臺灣（臺北、新北市、嘉義、南投、臺東、臺南、高雄、屏東）；廣東、海南；越南。

　　窄背隱翅瓢蟲在網路很少見到，2009 年 4 月筆者在阿里山一棵低矮的樹上發現到牠，由於這類黑色的小毛瓢蟲拍攝不容易加上鑑定困難，只拍了 3 張就離開，現在想來有點後悔，因為沒有拍到雌蟲頭部及翅端的顏色。當時若有機會應該包括側面、腹端、腹面和雌雄頭部特寫多拍幾張，這樣一來對牠的瞭解就越清晰。本種主要特徵在雄蟲前胸背板前緣有一條細窄的黃色橫帶，這個特徵在其他近似種中是比較特別。

備註

　　有幾筆紀錄（Sasaji, 1968a；1988a；1994；Yu, 1995）。有時會與變斑隱勢瓢蟲混淆，但本種前胸腹板兩縱隆線伸達前緣，相距較窄，中部收縮明顯。

▲交尾。

相似種比較

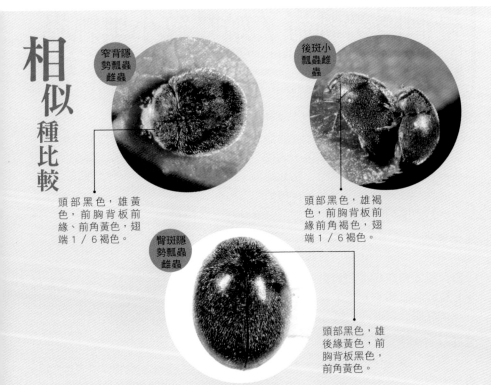

窄背隱勢瓢蟲雌蟲

頭部黑色，雄黃色，前胸背板前緣、前角黃色，翅端 1／6 褐色。

後斑小瓢蟲雌蟲

頭部黑色，雄褐色，前胸背板前緣前角褐色，翅端 1／6 褐色。

臀斑隱勢瓢蟲雌蟲

頭部黑色，雄後緣黃色，前胸背板黑色，前角黃色。

291

雄蟲頭部及前胸背板前緣黃色。

臺灣隱勢瓢蟲 / 姬雙紋小黑瓢蟲
Cryptogonus horishanus (Ohta, 1929)

模式產地：臺灣（南投）

同物異名：*Scymnus horishanus* Ohta, 1929

體型 | L：1.6~2.4mm | 食
W：1.3~1.8mm | 性

形態特徵

　　體短卵形，背面拱起。頭部雌雄均為黃褐色。前胸背板黑色，前緣及側面黃棕色。小盾片黑色。鞘翅黑色，各具一橫向圓形斑，黃褐至橙黃色，位於中部稍後。

生活習性

　　可捕食橘蚜、棉蚜、豆蚜等多種蚜蟲。雌成蟲單產卵於蚜群中，卵期3~5天，幼蟲期6~9天，蛹5~6天，在捲葉或樹枝裂縫內化蛹。

分布

　　臺灣（廣泛分布）：浙江、福建、廣東、四川；日本。

備註

不少紀錄（Ohta, 1929a；Sasaji, 1968a；1988a；1992；1994；姚善錦等，1972；Yu，1995）。

▲雌、雄頭部及前胸背板側斑都是黃褐色。

　　臺灣隱勢瓢蟲外觀近似變斑隱勢瓢蟲，然而本種體型和翅斑都小於變斑隱勢瓢蟲，即過去所稱的姬雙紋小黑瓢蟲和雙紋小黑瓢蟲，因此從照片很難分辨，參考雌、雄斑型會是比較科學的方式。本種頭部雌、雄都是黃褐色，變斑隱勢瓢蟲雌黑、雄黃，在筆者的檔案裡，臺灣隱勢瓢蟲幾乎都是在南部家鄉拍的，在 2004~2008 年的 2~5 月拍攝了 8 次之多，而變斑隱勢瓢蟲在 5~8 月地區包含花蓮、太平山、觀霧等中海拔山區，可見物種與環境及發生月分是有絕對的關係。

　　在辨識技巧上，本種雌、雄在體色上沒有差異，頭均為黃棕色，前胸背板兩側具有較寬的黃褐色斑，鞘翅的後半部具一個淺色斑，可與他種區分。

▲幼蟲捕食蚜蟲，攝於新竹清泉，虞國躍攝。

▲翅膀的一對斑通常較小，位於近翅端。

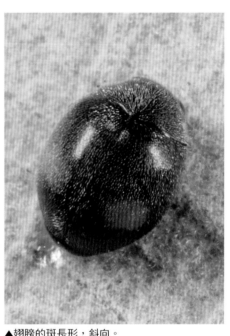

▲翅膀的斑長形，斜向。

相似種比較

臺灣隱勢瓢蟲

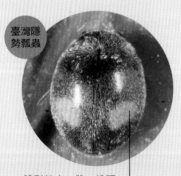

體型較小，雌、雄頭部皆黃褐色，翅斑較淡，位於近翅端。

變斑隱勢瓢蟲

體型稍大，頭部雌黑、雄黃，翅斑紅色，位於中央之後。

黑澤隱勢瓢蟲，分布於中海拔山區，數量稀少。

黑澤隱勢瓢蟲
Cryptogonus kurosawai Sasaji, 1968
模式產地：臺灣（南投、宜蘭、嘉義）

| 特有種 | 體型 | L：2.6~2.9mm | 食 |
| | | W：2.0~2.2mm | 性 |

形態特徵

　　體短卵形。雄性頭部褐色，雌性黑色。前胸背板黑色，前緣黃色，雄性黃色前角可達背板長的 2 ／ 3，雌性不超過 1 ／ 2。鞘翅黑色，中部有一縱向的紅褐色斑，在左鞘翅的形狀為「6」字形，淺色區圍繞的卵形黑斑不與黑色的鞘縫或側緣相接。

生活習性

　　分布於中海拔山區，數量較少，捕食蚜蟲。

分布

　　臺灣（南投、宜蘭、嘉義）。

　　黑澤隱勢瓢蟲為臺灣特有種，分布於中海拔山區，數量稀少。本種個人記錄過 3 次，分別是在太平山和司馬庫斯，其中太平山拍攝過兩次都是 4 月天氣低溫時，因此可見瓢蟲觸角和各腳都縮到腹下，活動力銳減，進而讓筆者順利拍到腹面。黑澤隱勢瓢蟲腹面和體背呈黑色，鞘翅中央具黃褐色不規則的縱紋，黃色區域具光澤，黑色區多毛，下方有 1 枚獨立的黑斑，和內側的弧狀斑於翅縫與另一斑相連呈黑桃的圖案，斑紋十分漂亮。

▲鞘翅中央有 1 條具光澤的黃褐色縱紋。

▲翅縫上有 1 枚像黑桃的圖案。

▶腹面黑色。

備 註

　　僅 3 筆紀錄（Sasaji, 1968a；Yu, 1995；Yu & Wang, 1999c）。

相似種比較

前胸背
板黑色

黑澤隱
勢瓢蟲

翅縫上有
一枚黑斑
左右相連。

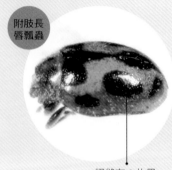

附肢長
唇瓢蟲

翅縫有 2 枚黑
斑，翅背共有
8 枚黑斑，虞
國躍攝。

阿里山
長唇瓢蟲

翅縫有一枚黑斑，
翅背共有 7 枚 黑
斑，虞國躍攝。

小豔
瓢蟲屬

翅縫有 2 枚黑
斑，翅背共有
10 枚黑斑。

九斑尼
豔瓢蟲

翅縫有一枚黑
斑，翅背共有
9 枚黑斑，虞
國躍攝。

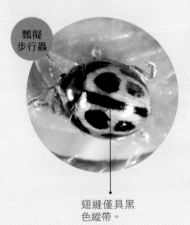

瓢擬
步行蟲

翅縫僅具黑
色縱帶。

◀雌性頭部
呈黑色。

◀鞘翅黑色，
或其上各有
一紅色斑。

臀斑隱勢瓢蟲
Cryptogonus postmedialis Kapur, 1948
模式產地：緬甸、印度。

<table>
<tr><td rowspan="2">體
型</td><td>L：2.0~2.5mm</td><td rowspan="2">食
性</td><td rowspan="2"></td></tr>
<tr><td>W：1.7~2.2mm</td></tr>
</table>

形態特徵

　　體短卵形。頭部雄性黃色，雌性黑色。前胸背板黑色，雄性前緣黃棕色，兩前角黃色斑達背板的 1 ／ 2，雌性黃棕斑不明顯或黑色。鞘翅黑色，或其上各有一紅色斑，呈橫向，位於鞘翅的端半部。

生活習性

　　分布於中、低海拔地區，捕食蚜蟲。

分布

　　臺灣（嘉義、臺東、南投、高雄）；湖北、四川、福建、廣東；緬甸、越南、印度。

　　臀斑隱勢瓢蟲分布於中、低海拔地區，捕食蚜蟲。這一屬瓢蟲的幼蟲身體扁平，體背沒有蠟粉，也常在螞蟻看護的蚜群中捕食。從個體較小、鞘翅全為黑色，雄蟲前胸背板兩前角黃色斑達背板的 1 ／ 2 可與其他近似種區分。

備註

　　有 3 筆紀錄（Bielawski, 1957；Sasaji, 1968a；Yu, 1995）。經檢標本鞘翅上均無紅斑。

▲鞘翅黑色或
黑褐色，足
淡黃棕色。

▲頭、前胸背板
淡黃棕色。

▲複眼大，兩複
眼的間距稍小
於眼寬。

黑翅斧瓢蟲
Axinoscymnus nigripennis Kamiya, 1965
模式產地：琉球

體型 | L：1.4~1.7mm　食
　　 | W：0.9~1.1mm　性

形態特徵

　　體卵形，背面拱起較弱，披淡黃白色細毛。頭、前胸背板淡黃棕色，鞘翅黑色或黑褐色。足淡黃棕色。複眼大，兩複眼的間距稍小於眼寬。

生活習性

　　分布於平地至中海拔山區，捕食粉蚧。

分布

　　臺灣（臺中、南投）；廣東；琉球。

　　黑翅斧瓢蟲分布於平地至中海拔山區，捕食粉蚧。這屬瓢蟲以捕食粉蚧為主，是粉蚧的捕食性天敵。本屬複眼大，額小，觸角 11 節，基 2 節粗大；從鞘翅全黑及眼間距稍小於眼寬與已知種區分。臺灣這一屬的種類不少，需要深入研究。

備　註

　　僅 1 筆（Yang et Wu, 1972），記錄於臺中頭汴坑。

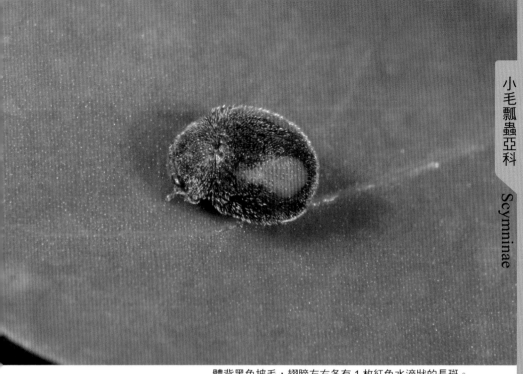

體背黑色披毛，翅膀左右各有 1 枚紅色水滴狀的長斑。

太田隱勢瓢蟲
Cryptogonus ohtai Sasaji, 1968

特有種　　體　L：2.3~2.8mm　食　
　　　　　型　W：1.8~2.2mm　性

模式產地：臺灣（多個地點，正模臺南）
同物異名：*Cryptogonus 4-guttatus*: Weise, 1923 (nec. Weise, 1895)

形態特徵

體短卵形。雄性額部黃褐色，或具小黑斑；雌性頭黑色。雄性前胸背板黑色，前緣黃褐，前側角有一長方形的黃褐色斑；雌性黑色。鞘翅斑紋有變，分別為：鞘翅黑色而有一對縱向類似腳印的斑；鞘翅黑色具 2 對近於圓形的斑；鞘翅紅褐色，鞘縫和側緣黑色，側緣近中部尚有 1 個小黑斑，與黑色的側緣獨立或相接。

生活習性

分布於低海拔山區及平地，捕食蚜蟲，為常見種類。

分布

臺灣（廣泛分布）。

太田隱勢瓢蟲普遍分布於低海拔山區，本種照片大半都在 10~12 月到隔年的 1~3 月間，拍攝於宜蘭和臺北的貢寮、瑞芳、安坑、土城等山區，由棲息環境來看牠似乎偏愛低溫。本種為小型瓢蟲，翅背斑紋鮮豔，造形像上下相連呈水滴的長斑，上窄下寬或擴大或分離，與其他小毛瓢蟲亞科的斑型不一樣，但與一種小型的葉蚤翅膀上的紅斑很像，不過後者觸角很長，體背有光澤，因此相當容易區分。

 備　註

有不少紀錄（Weise, 1923；Ohta, 1929a；Miwa, 1931；Korschefsky, 1933；Sasaji, 1968a；1988a；1994；Yu, 1995）。

▲翅斑水滴狀，紅色（雄蟲）。

▲前胸背板前緣黃色（雄蟲）。

▲翅斑長條狀，黃褐色（雄蟲）。

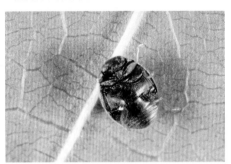

▲腹面黑色（雄蟲）。

▲前胸背板側角黃褐色（雄蟲）。

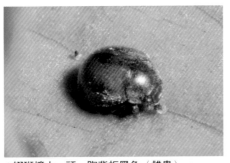

▲翅斑擴大，頭、胸背板黑色（雌蟲）。

▲雌，翅斑上下分離，虞國躍攝。

▲吸食野桐翅基上的蜜腺。

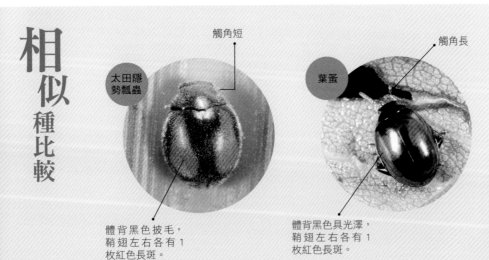

相似種比較

觸角短

太田隱勢瓢蟲

觸角長

葉蚤

體背黑色披毛，鞘翅左右各有1枚紅色長斑。

體背黑色具光澤，鞘翅左右各有1枚紅色長斑。

301

體背黑色披毛，翅膀左右各有一枚紅色的大斑。

變斑隱勢瓢蟲 / 雙紋小黑瓢蟲

Cryptogonus orbiculus (Gyllenhal, 1808)

模式產地：印度

同物異名：*Diomus futahoshii* Ohta, 1929

體型 L：2.2~2.9mm　食性
W：1.6~2.2mm

形態特徵

體短卵形。頭部雄性黃，雌性黑色。前胸背板黑色，雄性前緣及兩前側角黃棕色，雌性淺色區域較小，或不明顯。鞘翅黑色，其上各有一圓形紅斑，通常位於中央之後；此斑變化大，或大或小，或接近翅基，或消失而鞘翅全黑。

生活習性

分布於中、低海拔地區（最高至2300公尺），捕食多種蚜蟲。

分布

臺灣（廣泛分布）：陝西、湖北、浙江、福建、廣東、廣西、四川、貴州、雲南、海南；日本、東南亞、南亞、密克羅尼西亞。

變斑隱勢瓢蟲雌、雄頭部顏色不同，雌、雄黃，體背黑色密生灰白色短毛，左右各有 1 枚橙紅色斑，斑型一般較大，圓形或橢圓形，位於鞘翅中後方，與近似種相較容易分辨，但翅斑較小的個體容易與他種混淆。

本文提供天祥、太平山、龜山島個體，從資料中顯示本種於低、中海拔廣泛分布，捕食多種蚜蟲。形態辨識上從前胸腹板縱隆線不達前胸腹板前緣，可與窄背隱勢瓢蟲和臺灣隱勢瓢蟲作區別；而鞘翅上紅斑的前緣常超過鞘翅中部與臀斑隱勢瓢蟲和粗囊隱勢瓢蟲作區分。

▲雄蟲頭部黃色。

▲頭部及前胸背板前緣、側角黃褐色（雄蟲）。

▲捕食蚜蟲的各種姿態（天祥，雌蟲）。

相似種比較

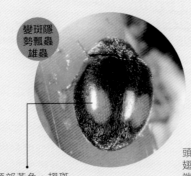
變斑隱勢瓢蟲雄蟲

頭部黃色，翅斑位於中後方，一般較大。

臺灣隱勢瓢蟲雄蟲

頭部黃色，翅斑位於翅端狹長斜向，一般較小。

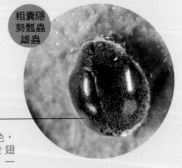
粗囊隱勢瓢蟲雄蟲

頭部黃色，翅斑位於翅端圓形，一般較小。

備註

有很多紀錄（Weise, 1923；Ohta, 1929a；Miwa, 1931；Miyatake, 1957；1965；Sasaji, 1968a1986；1988a；1991；1994；Yu, 1995）。

體背黑色，近翅端有一枚細小的紅斑。（木柵）

粗囊隱勢瓢蟲
Cryptogonus robustus Yu, 1995
模式產地：臺灣（臺北）

特有種

體型	L：2.3~2.5mm	食性
	W：1.8~1.9mm	

形態特徵

雄性頭黃色，唇基及額的端部黑色，或僅頭頂黃色。前胸背板具紅棕色前緣，有時具黃棕色前角，較小。鞘翅黑色，各具一個黃褐色或紅色圓斑，離翅端的距離近於離翅基的距離，離鞘縫的距離約為離翅基距離的 1／2。或鞘翅全為棕色，僅鞘縫及翅緣黑褐色。

生活習性

分布於低海拔地區，捕食蚜蟲。

分布

臺灣（臺北、屏東）。

粗囊隱勢瓢蟲鞘翅黑色披毛，翅膀有一對紅斑十分可愛，初認識瓢蟲的人常會誤以為是赤星瓢蟲的縮小版，甚至把近似的八斑盤瓢蟲和九星瓢蟲變異為一對紅斑的個體混淆為同一種，此外，臺灣唇瓢蟲也只有一對紅斑，不過這幾種體背都具光澤無披短毛。

本種分類於小毛瓢蟲亞科，本屬有 10 種，可從體型大小和翅斑位置初步分類，本種主要分布於低海拔山區，曾見於聖誕紅的蜜杯取食汁液，搭配鮮紅的花苞和黃色的蜜杯很吸引人。

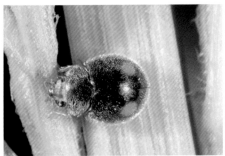

▲雄蟲頭部黃色，唇基及額端黑色。

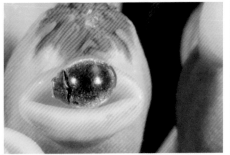

▲取食聖誕紅的蜜杯。（臺中東勢）

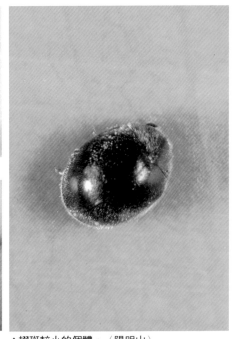

▲翅斑較小的個體。（陽明山）

變異個體

◀變異，翅膀棕色的個體，虞國躍攝（屏東山地門）。

備　註

僅 1 筆紀錄（Yu, 1995），形態與變斑隱勢瓢蟲接近，但本種雄性的額端部及唇基黑色；特點是雄性彎管囊粗大，近四方形。

相似種比較

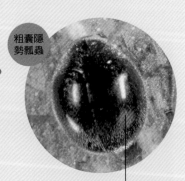

粗囊隱勢瓢蟲

體長 2.3~2.5mm，頭部雄黃、雌黑，翅斑較小位於翅端。

雙斑隱脛瓢蟲

體長 4.2~4.55mm，頭部雄黃、雌黑，翅斑較大位於中央。

鞘翅因有褐、黃、黑三種顏色而得名。

臺灣三色瓢蟲
Amida tricolor formosana Kurisaki, 1920

 特有亞種

| 體型 | L：3.8~4.6mm | 食 |
| | W：3.0~3.6mm | 性 |

模式產地：臺灣（臺北）

同物異名：*Amida formosana* Kurisaki, 1920
　　　　　Amida tricolor var. *formosana* Weise, 1923

形態特徵

　　體卵圓形，體背密披金黃色細毛。前胸背板黃棕色或棕色，中基部具一黑斑或無。鞘翅具棕、黃、黑 3 種顏色，鞘翅中部的黑斑稍曲折，不呈「U」字形。

生活習性

　　分布於低海拔山區和平地，幼蟲具粗大的蠟絲，捕食木蝨、蠟蟬和蚜蟲等。複眼大，視力好，常先發現人的接近而飛離。

分布

　　臺灣（臺北、新北市、宜蘭、桃園、高雄、屏東）。

備註

　　有幾筆紀錄（Kurisaki, 1920；Weise, 1923；Ohta, 1929a；Sasaji, 1988a；Yu & Wang, 1999c）。

▲腹面黃褐色。

▲幼蟲體披長條狀的蠟絲。

▲左右翅各有 3 枚黑斑

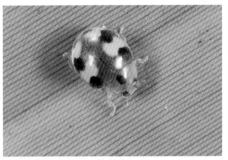

▲前胸背板中央有一枚黑斑。

▲左右翅端有一枚黑斑。

◀曾見於香蕉葉背
與八斑盤瓢蟲共
棲。

相似種比較

臺灣三色瓢蟲

體背有褐、黃、
黑三色，左右
的黑斑分離。

三色豔金花蟲

體背有紅、黃、
黑三色，左右的
黑斑相連。

307

四斑隱脛瓢蟲，翅背共有 4 枚黃斑而命名。

四斑隱脛瓢蟲
Aspidimerus esakii Sasaji, 1968

■ 模式產地：臺灣（臺南、臺中、南投、嘉義）

體 | L：3.2~4.0mm 食
型 | W：2.4~2.9mm 性

形態特徵

　　體長卵形。雄性頭黃色，頭頂黑色；雌性黑色。前胸背板黑色，雄性前角黃或黃棕色，形狀多變，可達前胸背板長的 3／4，雌性淺色斑小，或消失不見。鞘翅黑色，前後各具 1 個黃色或黃棕色圓形或卵形斑，大小相近，或後斑較小。

生活習性

　　多分布於中、高海拔山區（1150~3416 公尺），可在草叢中發現，捕食蚜蟲。

分布

　　臺灣（臺中、南投、嘉義、臺南、高雄、屏東）；廣西。

　　四斑隱脛瓢蟲因翅背共有 4 枚黃斑而得名，通常在 4~5 月出現，是一種少見的瓢蟲。2008 年 5 月筆者開車到觀霧半路竟下起大雨，只好返回山下的清泉休息，雨稍小便撐著傘在步道上找蟲拍，天氣又冷又溼，光線又暗，回想當時真是有點瘋狂。那時在步道欄杆上拍到 3 種椿象，常見的蠅虎、巨山蟻、褐蛉、草蛉各 1 隻，蛾幼蟲 2 隻和一對交尾的筒金花蟲，每一隻蟲身上皆布滿水珠，之後筆者想說再來翻翻葉子，沒想到在香蕉葉下終於找到那令人驚豔的四斑隱脛瓢蟲，回想當時情景，若沒有一股傻勁和熱情恐怕無緣與牠相識。

▲體背黑色密披短毛。

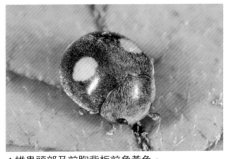

▲雄蟲頭部及前胸背板前角黃色。

▲上斑橢圓形，下斑橫向近翅端。

▲於溼冷的雨天躲在香蕉葉下。

相似種比較

四斑隱脛瓢蟲

翅膀黑色披毛，翅面有4枚黃斑。

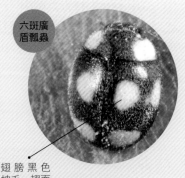

六斑廣盾瓢蟲

翅膀黑色披毛，翅面有6枚黃白色斑。

備註

　　有 3 筆紀錄（Sasaji, 1968a; 1988a; Yu, 1995）。從體型較大、背面披毛及鞘翅上具 2 對黃色斑可與其他瓢蟲相區分。

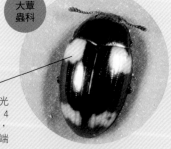

大蕈蟲科

翅膀黑色具光澤，翅面有4枚黃白色斑，觸角長，末端膨大。

◀鞘翅黑色，鞘翅上各具一個圓形紅斑。

◀前角斑較大，但不達背板的基部。

雙斑隱脛瓢蟲
Aspidimerus matsumurai Sasaji, 1968
模式產地：臺灣（屏東）

體型　L：4.2~4.5mm　食
　　　W：3.2~3.3mm　性

形態特徵

　　體長卵形，背面披毛。雄性頭黃棕色，雌性黑色。前胸背板黑色，雄性前角及前緣紅棕色，前角斑較大，但不達背板的基部，雌性淺色部分小，前角三角形，只達背板的一半。鞘翅黑色，鞘翅上各具一個圓形紅斑。

生活習性

　　分布於低海拔山區，數量少，捕食蚜蟲。

分布

　　臺灣（屏東）；雲南；越南。

　　雙斑隱脛瓢蟲多分布於低海拔山區，數量少，捕食蚜蟲。從個體較大、體背披毛及鞘翅上具 1 紅色圓斑，可與其他瓢蟲作區分。

 備　註

僅 1 筆紀錄（Sasaji, 1968a）。

紅瓢蟲亞科
Coccidulinae

體中型，體長大於 3mm，背面被絨毛。下顎鬚端節斧形，或至少兩側緣平行，不向前收窄。唇基不向兩側擴展。觸角 8～11 節，通常長於頭寬的 2／3。鞘翅基部常常明顯寬於前胸背板。

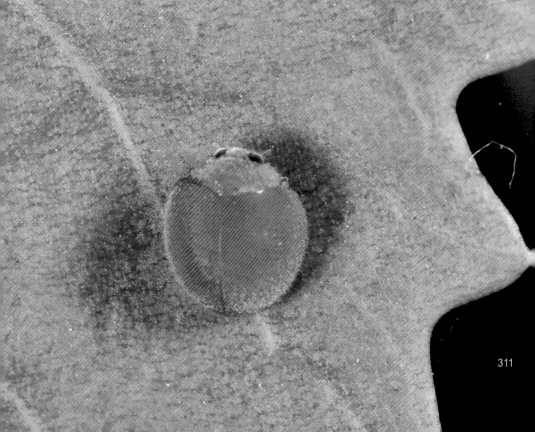

◀鞘翅前後各有1斑，前斑橫向，中間稍收縮。

◀寬卵形，背面披白色長毛。

臺灣紅瓢蟲
Novius formosana (Korschfsky, 1935)

模式產地：臺灣（臺北）

同物異名：*Rodolia formosana* Korschfsky, 1935

特有種

體型 L：4.0~4.4mm W：3.1~3.6mm

食性

形態特徵

寬卵形，背面披白色長毛。背面紅棕色，前胸背板中基部具一黑斑，前緣中央內凹，斑紋的寬度略大於背板寬的 1 ／ 3，長約為背板長的 2 ／ 5，與基部不相連或相連。鞘翅前後各有一斑，前斑橫向，中間稍收縮；後斑近似三角形，斜向內側。

生活習性

分布於中、低海拔山區和平地，捕食蚧蟲。

分布

臺灣（臺北、南投）。

臺灣紅瓢蟲分布於中、低海拔山區和平地，捕食介殼蟲，數量較少。形態與六斑紅瓢蟲相近，但本種前排內斑的位置離鞘縫較遠，而後者很接近；本種後斑斜向內側，後者橫向，或稍向後側。

備 註

僅 1 筆紀錄（Korschfsky, 1935）。

▲ 鞘翅紅色，兩鞘翅上有 5 個明顯的黑斑，虞國躍攝。

澳洲瓢蟲
Novius cardinalis (Mulsant, 1850)

模式產地：澳大利亞

同物異名：*Vedalia cardinalis* Mulsant, 1850
Rodolia cardinalis (Mulsant, 1850)

外來種

體型	L：3.1~3.8mm	食性
	W：2.8~3.1mm	

形態特徵

體短卵形，背面密披短絨毛。頭紅色；前胸背板紅色，基部黑色。鞘翅紅色，兩鞘翅上有 5 個明顯的黑斑，其中 1 個位於鞘縫，另 4 個位於鞘翅的前後部，有時黑斑擴大，與翅的前緣、外緣和鞘縫相連；鞘翅的中縫及鞘翅的後緣為黑色。

生活習性

主要捕食吹綿蚧。1 年發生 6~8 代，多活動於柑橘、相思樹、木麻黃等有吹綿蚧的喬、灌木上，成蟲產卵於吹綿蚧的體表或卵囊內。

分布

臺灣（新竹）；江蘇、浙江、廣東、香港、福建、廣西、四川、雲南等地；澳洲、新西蘭，許多熱帶至溫帶地區引入應用。

外來引入種，1908 年引入臺灣，曾在全臺釋放，當時成功防治了危害果樹和森林的大害蟲 —— 吹綿介殼蟲。目前在臺灣比較少見。

備 註

紀錄較少（Sakimura, 1935；江瑞湖，1956；Yu & Wang, 1999c）。

313

六斑紅瓢蟲翅面共有 6 枚黑斑。

六斑紅瓢蟲

Novius sexnotata (Mulsant, 1850)

模式產地：中國（四川）

同物異名：*Rodolia quadrimaculata* Mader, 1939
Rodolia sexnotata (Mulsant, 1850)
Epilachna sexnotata Mulsant, 1850

體型 | L：3.8~5.0mm 食
W：3.2~4.1mm 性

形態特徵

　　寬卵形，背面披毛。體背紅棕色，前胸背板基部具 2 個黑斑，圓斑，可擴大，甚至達背板長的 3／4，或兩斑相連成大黑斑。鞘翅各具 3 個黑斑，呈 2-1 排列，翅端斑長形，似有 2 斑癒合而成，橫向或稍斜置。

生活習性

　　分布於中、低海拔山區和平地，捕食蚧蟲。

分布

　　臺灣（新北市、南投、臺中）：甘肅、陝西、浙江、福建、湖北、四川、廣東、廣西、雲南；印度、尼泊爾。

備註

　　僅有 1 筆紀錄（Sasaji, 1971）。臺灣標本的斑紋較小，而大陸標本的斑紋較大，甚至鞘翅上前兩斑相連。

　　六斑紅瓢蟲翅面有 6 枚黑斑，分類於紅瓢蟲亞科，體背多毛，筆者只見過 2 次，一次在野桐上吸食蜜腺，另一次發現與多種瓢蟲躲在香蕉葉背避寒，數量相當稀少。

　　形態上，六斑紅瓢蟲不具光澤，因此容易和肉食性瓢蟲區分，身體廣胖而圓，前胸背板 2 枚醒目的黑斑也和食植瓢蟲有別，而其翅背上的 6 枚黑斑與臺灣紅瓢蟲最為接近。

▲於高海拔發現近似本種的幼蟲。

▲同左圖幼蟲腹面。

▲六斑紅瓢蟲 (左下)、大盾背椿 (右上)、八斑盤瓢蟲 (右下) 於多雨的日子躲在香蕉葉背避寒。

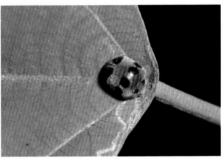

▲六斑紅瓢蟲以介殼蟲為食，12 月發現於野桐葉基處吸食蜜腺。

相似種比較

六斑紅瓢蟲

翅鞘後斑水平橫向

臺灣紅瓢蟲

翅鞘後斑斜向，虞國躍攝。

小紅瓢蟲，體背橙紅色密生鏽色短毛。

小紅瓢蟲

Novius pumila (Weise, 1892)

模式產地：中國（香港）

同物異名：*Rodolia okinawensis* Miyatake, 1959
Rodolia pumila Weise, 1892

體型	L：3.0~3.9mm	食	
	W：2.8~3.4mm	性	

形態特徵

體卵形，體背披有鏽紅色短絨毛。體背面紅色，無斑；腹面紅色而胸部中央常為黑色，且常擴大而延至腹部。

生活習性

生活在柑橘、芭樂、甘蔗、行道樹等植物上，捕食吹綿蚧、埃及吹綿蚧，偶爾捕食蚜蟲。

分布

臺灣（臺北、新北市、嘉義、臺南、高雄）；浙江、福建、廣東、香港、廣西、海南、雲南等地；越南、琉球、引入到密克羅尼西亞等地。

2004 年 6 月筆者首次在三芝路邊看到小紅瓢蟲，模樣像似小紅豆，體背密生短毛，十分可愛。2007 年 6 月再度邂逅於土城山區蕁麻科植物，數量還不少，之後每一年的 6~7 月間都會出現，其中 2 月在臺東拍到剛羽化的畫面。觀察昆蟲的經驗很特別，原來無緣相識的小蟲突然間輕易的出現眼前，或許是了解物種棲息環境之故，但筆者相信，用與昆蟲做朋友的心情面對大自然是很愉快的。

僅 3 筆紀錄（Miyatake, 1965；Sasaji, 1994；Yu & Wang, 1999c）。蟲體小，無斑，易與該屬其他種區分。

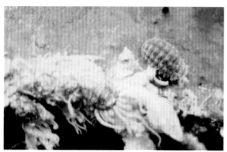

▲幼蟲，虞國躍攝。

▲將羽化的蛹與寄主介殼蟲。

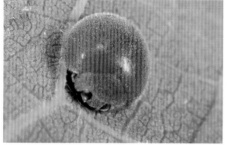

▲烏溜溜的複眼十分可愛。

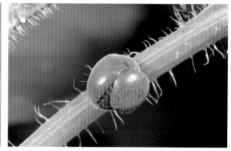

▲微展翅的模樣。

▲於棲息環境交尾。

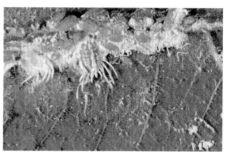

▲會捕食埃及吹綿介殼蟲。

相似種比較

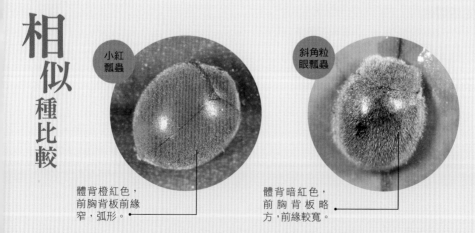

小紅瓢蟲

體背橙紅色，前胸背板前緣窄，弧形。

斜角粒眼瓢蟲

體背暗紅色，前胸背板略方，前緣較寬。

夜晚會驅光。

斜角粒眼瓢蟲

Sumnius babai Sasaji, 1994

模式產地：臺灣（花蓮）

 特有種

| 體型 | L：5.1~5.8mm | 食 |
| | W：3.5~4.0mm | 性 |

形態特徵

體橢圓形，兩側中部近於平行。體背密披黃白色絨毛，整體紅褐色或暗褐色。

生活習性

分布於低海拔山區，捕食蚧蟲。成蟲具趨光性。

分布

臺灣（高雄、花蓮）。

 備註

僅 1 筆紀錄（Sasaji, 1994）。

2006 年首次在鎮西堡夜拍時發現，當時不知道這隻瓢蟲的身分，到了 2008 年於天祥公廁又看到牠，經鑑定為本種，之後夜拍時多次看到，具趨光性，主要分布於中、高海拔山區，2、4、8 月出現，遇到騷擾會將四腳縮到腹下假死並從腿節間分泌淡黃色臭液。

本屬瓢蟲體披毛，複眼的小眼面粗大，觸角 11 節。臺灣記錄了 2 種。本種觸角很有特點，第 1 節前緣與一側的後緣幾乎平行，端節端緣內側明顯斜截；後基線伸達第一腹板的 3／4 強，外緣幾乎直線伸向腹板基部。

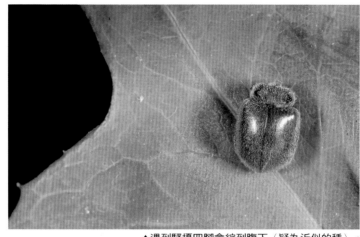

▲遇到騷擾四腳會縮到腹下（疑為近似的種）。

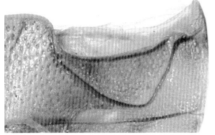

▲花蓮天祥成蟲，示後基線，虞國躍攝。

◀腹面褐色。

▲體橢圓形，體背密披黃白色絨毛（疑為近似的種）。

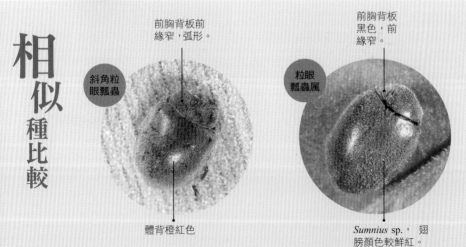

相似種比較

斜角粒眼瓢蟲

前胸背板前緣窄，弧形。

體背橙紅色

粒眼瓢蟲屬

前胸背板黑色，前緣窄。

Sumnius sp.，翅膀顏色較鮮紅。

319

小豔瓢蟲亞科
Sticholotidinae

本亞科的瓢蟲體小至微小，通常在 3.0mm 以下，體背披毛或光滑，主要特點是下顎鬚末節長錐形、卵形或刀形等，不呈斧狀。

有些種類外形上與我們所熟悉的瓢蟲有較大的差異，看上去不像瓢蟲。對於不具斑紋的種類來說，正確的鑑定得借助於顯微鏡下的觀察和解剖。

◀體紅棕色，無斑紋。

◀前胸背板側
緣具明顯隆
起的緣褶。

褐色唇展瓢蟲

Hikonasukuna monticola Sasaji, 1967

模式產地：臺灣（嘉義）

特有種　體型　L：1.4~1.5mm　食性
　　　　　　　W：1.0mm

形態特徵

　　體近似六邊形，兩側中部平行，體背披長毛。體紅棕色，無斑紋。前胸背板側緣具明顯隆起的緣褶。無膜質的後翅。

生活習性

　　分布於中、高海拔山區（2150~2300 公尺）。

分布

　　臺灣（嘉義、南投）。

褐色唇展瓢蟲分布於中、高海拔山區，圖片顯示的標本乃 1981 年 5 月採集於南投梅峰。據研究發現過去曾在雲南海拔 3000 公尺老群山的鐵杉上發現大量的近似種，褐色唇展瓢蟲可能也生活在針葉樹上。

備　註

　　僅 1 紀錄（Sasaji, 1967），從體小、無斑紋及近似六邊形可與其他瓢蟲區分。

◀鞘縫黑色或紅棕色，兩鞘翅上共有 7 個黑斑。

◀背面拱起較弱，披毛。

奇特長唇瓢蟲

Shirozuella mirabilis Sasaji, 1967

模式產地：臺灣（南投）

特有種 體型 L：2.0~2.3mm　W：1.4~1.6mm　食性

形態特徵

體長卵形，背面拱起較弱，披毛。體背黃棕色，鞘縫黑色或紅棕色，兩鞘翅上共有 7 個黑斑，但兩側的 2 個斑通過黑色側緣相連。

生活習性

分布在海拔 2050~2560 公尺的高山區。

分布

臺灣（南投、嘉義、花蓮）。

奇特長唇瓢蟲分布於中、高海拔山區。長唇瓢蟲屬的分布也呈間斷性，中國大陸（河南、山西、四川、雲南等地）也有此屬的分布，主要採集自鐵杉、松等針葉樹，臺灣的 3 種長唇瓢蟲可能也生活在針葉樹上。目前臺灣已知 3 種，均是淺色鞘翅上具黑斑，中國大陸的種類則是黑色的鞘翅上具淺色斑。

 備　註

僅幾筆紀錄（Sasaji, 1967；Yu & Pang, 1992；Yu, 1995）。

◀有時翅基 1 對斑擴大相連，並通過黑色的鞘縫，與鞘翅 3 / 5 處的縫斑相連。

◀體長卵形，翅端收窄明顯，披淡黃棕色毛。

附肢長唇瓢蟲

Shirozuella appendiculata Yu et Pang, 1992

模式產地：臺灣（嘉義）

特有種

體型 L：2.1~2.6mm W：1.4~1.6mm

食性

形態特徵

體長卵形，翅端收窄明顯，披淡黃棕色毛。背面棕色，前胸背板中線兩側具 1 對界線不清的模糊斑，暗褐色。鞘翅棕色，兩鞘翅上共有 9 個黑斑；有時翅基 1 對斑擴大相連，並通過黑色的鞘縫，與鞘翅 3 / 5 處的縫斑相連。

生活習性

分布於中、高海拔山區。

分布

臺灣（嘉義、南投）。

附肢長唇瓢蟲分布於 2300~2500 公尺的中、高海拔山區，最先發現於阿里山。從前胸背板具 1 對暗褐色斑和鞘翅上具 9 個黑斑易與其他種區分。

備註

僅個別紀錄（Yu & Pang, 1992；Yu, 1995）。

◀兩鞘翅上共有7
個黑斑，位於翅
基 的 1 對 斑 呈
「八」字形。

◀背面棕色或
黃棕色。

阿里山長唇瓢蟲

Shirozuella alishanensis Yu et Pang, 1992

模式產地：臺灣（嘉義）

特有種　體型　L：1.8~2.2mm　食性　W：1.2~1.4mm

形態特徵

體長卵形，翅端收窄明顯，披淡黃棕色毛。背面棕色或黃棕色。前胸背板有時中央具暗褐色斑。兩鞘翅上共有 7 個黑斑，位於翅基的 1 對斑呈「八」字形，鞘縫的後半部分黑褐色或黑色，但不達翅端，有時與近中部的縫斑相連，縫斑前的鞘縫亦為黑色，但很細。

生活習性

分布於中、高海拔山區。

分布

臺灣（嘉義、南投）。

阿里山長唇瓢蟲分布於 2300~2500 公尺的中、高海拔山區，最先發現於阿里山。從鞘翅上特殊的斑紋易與其他種區分。

 備　註

僅 2 筆 紀 錄（Yu & Pang, 1992；Yu, 1995）。

頭黃棕色，前胸背板兩前角棕紅色或黑色。

刀角瓢蟲
Serangium japonicum Chapin, 1940

模式產地：日本；中國（南京）。

| 體型 | L：1.7~1.8mm 食 |
| W：1.4~1.6mm 性 | |

形態特徵

身體近半球形，背面光亮，具稀疏的細毛。頭黃棕色，頭頂亦是黃棕色。前胸背板兩前角棕紅色或黑色。鞘翅黑色。有時體色淺呈黑褐色。額部刻點粗大，但頭頂處刻點明顯細小，額寬約為頭寬之半。鞘翅上刻點細小。

生活習性

分布於中、低海拔山區和果園，主要捕食黑刺粉蝨、柑橘粉蝨等。

分布

臺灣（臺北、桃園、南投、花蓮、高雄、屏東）；浙江、江蘇、湖北、福建、廣東、四川等；日本。

刀角瓢蟲分類於小豔瓢蟲亞科，主要特徵為下顎鬚末節長錐形、卵形或刀形，不呈斧狀，其中角瓢蟲屬有3種。本種體長 1.7~1.8mm，頭部黃褐色，鞘翅黑色，與鏟角瓢蟲相較後者體型較大，頭部及翅背上的刻點較明顯，但從照片卻不容易分辨，也不好拍攝，尤其翅膀具光澤打燈後會反光，然而不打燈更無法辨識細節。

2008 年 3 月筆者在天祥發現這隻瓢蟲，檢視當時拍攝的照片仍可以看到觸角端節膨大的特徵。

◀背面光亮，
具很稀疏
的細毛。

◀鞘翅黑色。

◀前胸背板黑
色，前角棕紅
色或黑色。

鏟角瓢蟲

Serangium yasumatsui (Sasaji, 1967)

模式產地：臺灣（南投）

同物異名：*Catana yasumatsui* Sasaji, 1967

特有種　體型　L：2.3~2.4mm　食性
　　　　　　　W：1.8~1.9mm

形態特徵

身體近於半球形，背面光亮，具很稀疏的細毛。頭黃棕色，頭頂黑色；額部刻點粗大，頭頂處刻點更粗大，額寬明顯大於頭寬之半。前胸背板黑色，前角棕紅色或黑色。鞘翅黑色。

生活習性

分布於中海拔山區，捕食粉蟲。

分布

臺灣（南投、高雄）。

鏟角瓢蟲分布於中海拔山區，圖示的標本來自海拔 2300 公尺的翠峰。本屬以捕食粉蟲著名，但也有以蚜蟲作為寄主的。2012 年 7 月在河北霧靈山的野核桃上發現本屬瓢蟲的成蟲和幼蟲捕食蚜蟲，均以回吐的方式吸食。辨識上，本種體型較大，頭部及鞘翅上的刻點粗大可與刀角瓢蟲區分。

 備　註

有 2 筆紀錄（Sasaji, 1967；1988a）。

◀體黑褐色，
無斑紋。

◀體背高度拱
起，無毛。

褐背豔瓢蟲
Sticholotis hirashimai Sasaji, 1967

模式產地：臺灣（南投、宜蘭）

體型 L：2.5~2.7mm
W：2.3mm

食性

形態特徵

體半球形，稍長於寬，體背高度拱起，無毛。體黑褐色，無斑紋。

生活習性

生活於中、低海拔山區。

分布

臺灣（南投、宜蘭、高雄）；雲南、貴州。

褐背豔瓢蟲生活於中、低海拔山區，高雄六龜。本屬的一些物種是有名的天敵昆蟲，用於盾介殼蟲的生物防治，但對於本種的習性等並不知曉。體背黑褐色無斑紋、體半球形可與同屬其他種區分。

 備 註

僅一筆紀錄（Sasaji, 1967）。

身體圓形，前胸背板暗紅色。

麗豔瓢蟲
Sticholotis formosana Weise, 1923
模式產地：臺灣（屏東）

體型	L：2.4~2.7mm	食性
	W：2.2~2.3mm	

形態特徵

體近於圓形，背面光滑無毛。頭及前胸背板深紅色，鞘翅黑色，外緣深紅色，每一鞘翅具 1 對深紅色斑，前斑大，橫向，後斑小，圓形。近鞘翅處具一列粗大刻點。

生活習性

分布於低海拔山區，成蟲具趨光性。

分布

臺灣（屏東、高雄、臺東）；廣東、海南。

麗豔瓢蟲分類於小豔瓢蟲屬，本屬有 8 種，皆小型光滑無毛。本種筆者僅有一筆紀錄，2010 年 2 月發現於知本，夜晚出現於燈下的牆上，具趨光性；頭部及前胸背板暗紅色；鞘翅黑色，左右各有 2 枚紅斑，上斑橫向或呈「L」字紋，下斑較小，翅緣具不明 的暗紅色。本文陳列 4 種，本種前胸背景暗紅色與另 3 種前胸背板黑色不同容易區分，這 4 種主要分布於南部、東部 1000 公尺以下山區，數量稀少。

有 3 筆紀錄（Weise, 1923；Sasaji, 1967；1988a）。從體較大、頭及前胸深紅色、鞘翅前斑橫向與近緣種區分。

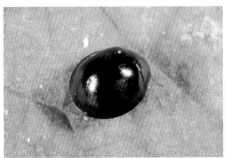
▲鞘翅有 4 枚紅斑。

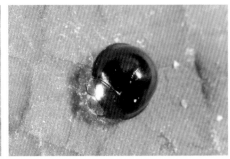
▲前胸背板暗紅色。

▲上斑較大，橫向，下斑較小，上下兩斑遠離翅縫。

相似種比較

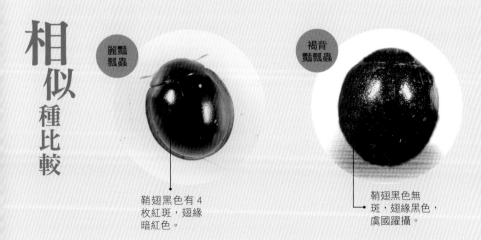

麗豔瓢蟲

鞘翅黑色有 4 枚紅斑，翅緣暗紅色。

褐背豔瓢蟲

鞘翅黑色無斑，翅緣黑色，虞國躍攝。

翅背有 4 枚紅色星斑而得名。

四星豔瓢蟲
Sticholotis morimotoi Kamiya, 1965

| 體型 | L：1.7~2.1mm | 食性 |
| W：1.4~1.8mm | | |

模式產地：琉球

形態特徵

頭及前胸背板黑色。鞘翅黑色，每一鞘翅具 1 對紅色斑，前斑近圓形，後斑大小不一；鞘縫附近無粗大刻點列。

生活習性

分布於中、低海拔山區，通常於柑橘類及其他樹幹上活動。

分布

臺灣（南投、花蓮、臺南、嘉義、臺東）；琉球。

四星豔瓢蟲以鞘翅的 4 枚紅色星斑而得名，近似 4 斑的小瓢蟲本書就陳列 5 種，區分各種差異主要是從體型大小、翅斑位置、是否披毛分辨等條件。本種分布於南部、東部山區，筆者僅有一筆紀錄，2010 年 2 月在臺東知本林道一棵樹幹上發現 2 隻，當時牠們躲藏在樹皮縫裡，其中 1 隻翅膀受傷，由於是未曾見過的物種，因此多拍攝了幾張照片。

 備 註

有 2 筆紀錄（Sasaji, 1967；Yu, 1995）。從鞘翅前斑非橫向、近鞘縫處無粗大刻點列及體色可與其他種區分。

▲翅膀左右各有 2 枚紅色斑。

▲各斑遠離翅縫與翅緣。

▲腹面黑色至黑褐色。

相似種比較

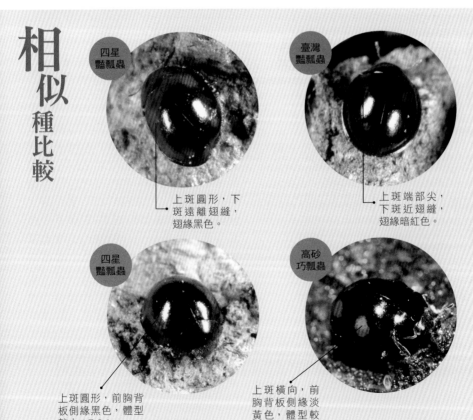

四星豔瓢蟲
上斑圓形，下斑遠離翅縫，翅緣黑色。

臺灣豔瓢蟲
上斑端部尖，下斑近翅縫，翅緣暗紅色。

四星豔瓢蟲
上斑圓形，前胸背板側緣黑色，體型較小 1.7~2.1mm。

高砂巧瓢蟲
上斑橫向，前胸背板側緣淡黃色，體型較大 3.2~4.7mm，余素芳攝。

翅膀上斑略長形，下端尖，下斑近翅縫，翅緣暗紅色。

臺灣豔瓢蟲
Sticholotis taiwanensis Miyatake, 1982
模式產地：臺灣（嘉義）

特有種  體型 L：2.2mm 食性 W：1.9mm

形態特徵

體近圓形，背面光滑無毛。體背黑色，鞘翅側緣深紅色，每一鞘翅具1對深紅斑，前斑大，縱向；後斑小，明顯比前斑接近鞘縫；鞘翅附近具粗大刻點列。

生活習性

分布於中、低海拔山區。

分布

臺灣（嘉義、臺東）。

臺灣豔瓢蟲分類於豔瓢蟲屬，本屬有8種，本種為臺灣特有種，與近似種相較本種翅膀上斑略長形，下端尖，下斑近翅縫，翅緣暗紅色等特徵可與他種區別。本種只有一筆紀錄，2008年8月筆者拍攝於天祥，當時牠正棲息於樹幹。或許與取食有關，筆者發現類似2mm左右的小瓢蟲很多都棲息在樹幹或樹皮縫裡，在這組檔案中，棲息樹幹的還有蛾囓蟲、菱蝗、簔蛾幼蟲、螞蟻、姬蛛、裂腹蛛等昆蟲和蜘蛛，而各物種間的取食、排糞，也使得苔蘚、菌類等微小生物繁殖，形成互利共生的生活環境。

▲前胸背板前緣褐色，體側及翅縫具刻點，體型甚小，棲息樹幹或皮縫裡不容易發現。

備 註

　僅2筆紀錄（Miyatake, 1982；任順祥等，2009）。與四星豔瓢蟲相似，但本種鞘翅側緣深紅色、鞘翅前斑後端尖及近鞘縫處具粗大刻點列。

相似種比較

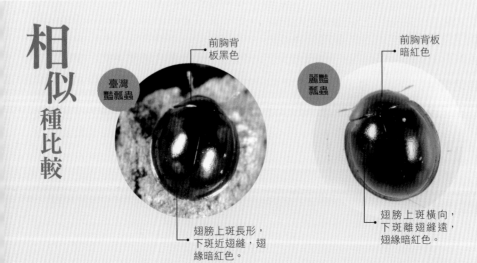

前胸背板黑色

臺灣豔瓢蟲

翅膀上斑長形，下斑近翅縫，翅緣暗紅色。

前胸背板暗紅色

麗豔瓢蟲

翅膀上斑橫向，下斑離翅縫遠，翅緣暗紅色。

333

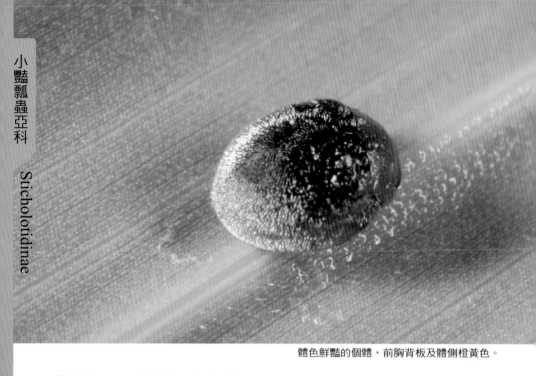

體色鮮豔的個體，前胸背板及體側橙黃色。

黃環豔瓢蟲
Jauravia limbata Motschulsky, 1858

模式產地：斯里蘭卡

體型 L：1.8~2.6mm　食性
　　 W：1.7~2.2mm

形態特徵

體近於圓形，稍長於寬。體背中度拱起，密披短細毛。頭、前胸及足黃褐色至紅褐色。鞘翅黑色至黑褐色，外緣黃褐色，有時黃褐色邊較寬大。

生活習性

分布於中、低海拔山區（最高海拔 2200 公尺）。

分布

臺灣（廣泛分布，包括蘭嶼）；雲南、海南；日本、印度、斯里蘭卡、尼泊爾、泰國。

黃環豔瓢蟲分類於豔瓢蟲屬，本屬 2 種，本種體圓，前胸背板及鞘翅側緣紅褐色，上方黑色密生白色短毛，從正面看像長了菌絲的菇類模樣十分可愛。本種廣泛分布，曾記錄於竹南、澄清湖、明池等低、中海拔山區，體色一般較暗，僅一次在竹南看到的個體顏色很鮮豔，常見棲息禾本科植物，白天出現。辨識上從近於圓形的體型，背面密布短細毛及體色等特徵，易與其他瓢蟲區分。

▲頭胸部及翅膀側緣橙黃色。（竹南）

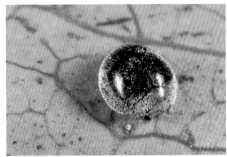

▲頭部、前胸背板灰褐色。（澄清湖）

▲鞘翅黑色披白色短毛 。（天祥）

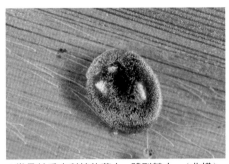

▲常見於禾本科植物葉上，體型甚小。（北橫）

備註

　有不少紀錄（Ohta, 1929a；Korschfsky, 1933；Miyatake, 1965；Sasaji, 1967；1986；1988a；1991；1994；Yu, 1995；Yu & Wang, 1999c）。

相似種比較

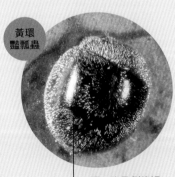

黃環
豔瓢蟲

頭、胸及側緣褐色，翅背黑色，密生白色短毛，白天出現。

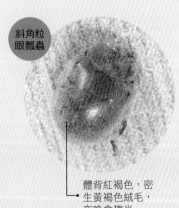

斜角粒
眼瓢蟲

體背紅褐色，密生黃褐色絨毛，夜晚會趨光。

335

體黑色密生白色短毛，鞘翅有 4 枚黃褐色斑。

臺毛豔瓢蟲
Pharoscymnus taoi Sasaji, 1967
模式產地：臺灣（桃園、臺北）

體型 L：1.7~2.0mm
W：1.3~1.5mm
食性

形態特徵

　　體短卵形，半球形拱起，背面的披毛近於直立，白色。體背黑色。鞘翅各具 1 對黃褐色或橙紅色斑，圓形或短卵形，一前一後。

生活習性

　　生活於低海拔地區，捕食多種盾蚧，成蟲產卵於介殼下，完成一代需 43~74 天。

分布

　　臺灣（臺北、桃園、南投、屏東）；福建、廣東、廣西、海南。

 備　註

　　有幾筆紀錄（Sasaji, 1967：1992：吳國家等, 1976）。

　　臺毛豔瓢蟲分類於毛豔瓢蟲屬，本屬僅 1 種，分布於低海拔山區，數量稀少。2004 年 1 月筆者在桃園齋明寺一棵老樹幹上發現這隻小瓢蟲，體長不到 2mm，那時剛買 Canon10D 單眼數位相機，搭配 2 倍的增距鏡和機體上的閃光燈，想把小瓢蟲拍個清楚，可惜後來原始檔案部分損毀，只看到 5 張照片，其中 2 張稍清楚可見複眼，其他都因景深不夠或模糊。

　　多年來從第一代數位單眼相機到全片幅單眼相機，不知買了幾部，還有鏡頭和閃光燈等配備，可說是一言難盡，儘管器材無限，但觀察昆蟲還是需要具備觀察力和專注力，雖然臺毛豔瓢蟲筆者只遇上這一次，但當時能看到牠並拍攝到其身影，已為有這樣的記錄而感到開心了。

▲頭部及前胸背板黑色。

▲棲息樹幹隙縫，可能與取食及度冬有關。

▲前斑大後斑小。

相似種比較

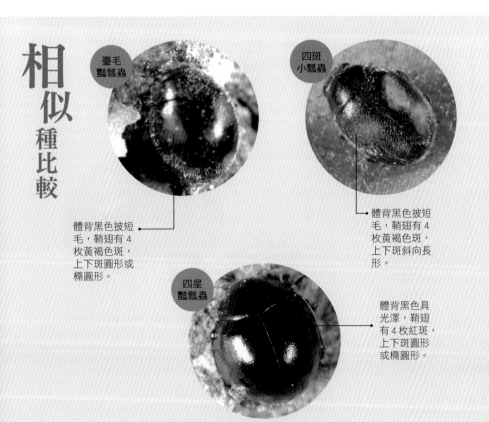

臺毛豔瓢蟲

體背黑色披短毛，鞘翅有 4 枚黃褐色斑，上下斑圓形或橢圓形。

四斑小瓢蟲

體背黑色披短毛，鞘翅有 4 枚黃褐色斑，上下斑斜向長形。

四星豔瓢蟲

體背黑色具光澤，鞘翅有 4 枚紅斑，上下斑圓形或橢圓形。

◀鞘翅上共具 9 個黑斑，其中鞘縫處的共同斑位於鞘翅近中部。

九斑尼豔瓢蟲

Nesolotis shirozui Sasaji, 1967

模式產地：臺灣（嘉義）

特有種 體型 L：1.7~1.9mm W：1.5~1.6mm 食性

形態特徵

體近半球形，稍長於寬。體背光滑無毛，呈黃棕色，頭頂具一小黑斑。前胸背板中央基部具 1 黑斑。鞘翅上共具 9 個黑斑，其中鞘縫處的共同斑位於鞘翅近中部。

生活習性

分布於中海拔（1200~2300公尺）山區。

分布

臺灣（嘉義、臺中、臺東、南投）。

▲體近半球形，稍長於寬，體背光滑無毛。

 備 註

有幾筆紀錄（Sasaji, 1967；Yang & Wu, 1972；Yu, 1995）。

參考文獻

- 江瑞湖 . 1956. 臺灣瓢蟲之初步研究 . 農林學報 , 5: 183~205.
- 龐雄飛 , 毛金龍 . 1979. 中國經濟昆蟲誌 , 14: 鞘翅瓢蟲科 (二). 北京 : 科學出版社 , 170.
- 龐雄飛 . 1984. 後斑小瓢蟲 Scymnus (Pullus) posticalis Sicard 模式標本的重新描述 . 昆蟲天敵 , 6(4): 253-254.
- 任順祥 , 王興民 , 龐虹 , 彭正強 , 曾濤 . 2009. 中國瓢蟲原色圖鑑 . 北京 : 科學出版社 , 336.
- 吳國家 , 陶家駒 . 可哥椰子淡圓介殼蟲天敵調查及紅胸葉蟲藥劑防治試驗 . 中華農業研究 , 1976, 25(2): 141~155
- 姚善錦 , 陶家駒 . 1972. 蚜蟲之天敵 . 省立博物館科學年刊 , 15: 25-77.
- 虞國躍 . 2002. 瓢蟲 瓢蟲 . 臺北 : 石佩妮 , 204.
- 虞國躍 . 2008. 瓢蟲 瓢蟲 . 北京 : 化學工業出版社 , 195.
- 虞國躍 . 2010. 中國瓢蟲科亞科圖誌 . 北京 : 化學工業出版社 , 180.
- 虞國躍 . 2011. 臺灣瓢蟲圖鑑 . 北京 : 化學工業出版社 , 198.
- 佐佐治寬之 . 1998. テントウムシの自然史 . 東京 : 東京大學出版會 , 251.
- Bielawski R. 1957. Notes on some species of Coccinellidae and description of a new species from Tonkin (Coleoptera). Acta Zoologica Cracoviensia, 2(4): 91 106.
- Bielawski R. 1961. Materialien zur Kenntnis der Coccinellidae (Coleoptera), II. Annnales Zoologici, Warszawa, 19(10): 383 415.
- Bielawski R. 1962. Materialien zur Kenntnis der Coccinellidae (Coleoptera), III. Annnales Zoologici, Warszawa, 20: 193-205.
- Bielawski R. 1964. Die Arten der Gattung Synia Mulsant (Coleoptera, Coccinellidae). Bulletin de L'Academie Polonaise des Sciences Cl. II, Série des sciences biologique, 12: 23-27.
- Bielawski R. 1965. Contribution to the knowledge of Coccinellidae (Coleoptera), IV. Annnales Zoologici, Warszawa, 23(8): 211-236.
- Chûjô M. 1940. Contribution to the Coleoptera fauna of Kôtôsho (Botel-Tobago Is.), Formosa. Transactions of the Natural History of Formosa, 30: 8-13.
- Crotch G R. 1874. A revision of the coleopterous family Coccinellidae. London: E. W. Janson, 311.
- Dieke G H. 1947. Ladybeetles of the Epilachna (sens. lat.) in Asia, Europe, and Australia. Smithsonian Miscellaneous Collections, 106(15): 1-183.
- Fürsch H. 1966. Neue palaearktische und afrikanische Coccinellidae (Coleoptera). Beitrage zur Entomologie, 10(3/4): 442-451.
- Fürsch H. 1989. Scymnus (Pullus) pangi nom. nov. Coccinella, 1(2): 34.
- Giorgi JA, Vandenberg NJ, McHugh JV, Forrester JA, Slipinski SA, Miller KB, Shapiro IR, Whiting MF. 2009. The evolution of food preferences in Coccinellidae. Biological Control, 51: 215~231.
- Jadwiszczak A. 1989. Srudies on the Oriental Epilachninae (Coleoptera, Coccinellidae). Polskie Pismo Entomologiczne, Bulletin Entomologique Pologne, 58: 733-744.
- Kamiya H. 1965. Tribe Scymnini (Coleoptera: Coccinellidae) from Formosa collected by Prof. T. Shirôzu. Special Bulletin of the Lepidopterological Society of Japan, 1: 75-82.
- Kitano T. 2008. Two new species of the ladybird beetles from Japan and Taiwan (Coleoptera, Coccinellidae). Japanese Journal of Systematic Entomology, 14(2): 319~322
- Kitano T. 2010. Notes on "Pullus akonis" Ohta and "Pullus tainanensis" Ohta (Coleoptera, Coccinellidae). Japanese Journal of Systematic Entomology, 16(1): 169~172
- Korschefsky R. 1933. Bemerkungen über Coccinelliden von Formosa. Transactions of the

Natural History of Formosa , 23: 299-304.

- Korschefsky R. 1935. Neue Coccinelliden aus Afrika, Brasilen und Formosa. Arbeiten über Morphologische und Taxonomische Entomologie, 2: 252-256.

- Kovář I. 1996. Phylogeny. In: Hodek I, Honk A. (eds.), Ecology of Coccinellidae. Dordrecht: Kluwer Academic Publishers, 19~31.

- Kovář I. 2007. Coccinellidae. In: Löbl I, Smetana A. (eds), Catalogue of Palaearctic Coleoptera. Stenstrup: Apollo books, 568~631.

- Kurisaki M. 1920. On the genus *Amida*. The Insect World, 24: 405-408. (in Japanese with English summary)

- Li C S, Cook E F. 1961. The Epilachninae of Taiwan (Coleoptera: Coccinellidae). Pacific Insects, 3: 31-91.

- Mader L. 1926-37. Evidenz der paläarktischen Coccinelliden und ihrer Aberrationen in Wort und Bild, I. 424. (separately printed)

- Magro A, Lecompte E, Magne F, Hemptinne J-L, Crouau-Roy B. 2010. Phylogeny of ladybirds (Coleoptera: occinellidae): Are the subfamilies monophyletic? Molecular Phylogenetics and Evolution, 54: 833~848.

- Miwa Y. 1931. A systematic catalogue of Formosan Coleoptera. Report of the Department of Agriculture, Government Research Institute, Taihoku, 55: 1-359.

- Miwa Y, Chûjô M, Mitono T. 1932. An enumeration of Coleoptera from Kôtôsho (Botel-Tobago) with the descriptionof new species. Transactions of the Natural History Society of Formosa, 22: 296-309.

- Miwa Y, Yoshida T. 1935. Catalogue of Japanese Insects, fasc. 9, Coccinellidae. Entomological World, 3: 32-53.

- Miyatake M. 1957. Miscellaneous notes on the Coccinellidae of Japan (Coleoptera). Transactions of the Shikoku Entomological Society, 5(7): 112-116.

- Miyatake M. 1961. The East-Asian Coccinellid-beetles preserved in the California Academy of Sciences, tribe Platynaspini. Memoirs of the Ehime University, Section VI (Agriculture), 6(2): 67-86.

- Miyatake M. 1965. Some Coccinellidae (excluding Scymnini) of Formosa (Coleoptera). Special Bulletin of the Lepidopterological Society of Japan, (1): 50-74.

- Miyatake M. 1970. The East-Asian Coccinellid-beetles preserved in the California Academy of Sciences, Tribe Chilocorini. Memoirs of the College of Agriculture, Ehime University, 14 (3): 303-340.

- Miyatake M. 1972. A new Formosan species belonging to the genus *Singhikalia* Kapur, with proposal of a new tribe (Coleoptera: Coccinellidae). Transactions of the Shikoku Entomological Society, 11(3): 92-98.

- Miyatake M. 1978a. Notes on ladybirds (I)-- Are *Anisocalvia quatuordecimguttata* and *A. deodecimmaculata* different species? Nature and Insects, 13(1): 9-16. (in Japanese)

- Miyatake M. 1978b. The genus *Telsimia* Casey of Japan and Taiwan (Coleoptera, Coccinellidae). Transactions of the Shikoku Entomological Society, 14(1/2): 13-19.

- Miyatake M. 1982. Two new species of *Sticholotis* Crotch (Coleoptera, Coccinellidae) from Taiwan. Transactions of the Shikoku Entomological Society, 16(1/2): 23-28.

- Ohta Y. 1929a. Scymninen Japans. Insecta Matsumurana, 4: 1 16.

- Ohta Y. 1929b. Einige neus Helotiden und Coccinelliden-Arten aus Formosa. Insecta Matsumurana, 4: 66-70.

- Ohta Y. 1931. Über einige Coelophoren- und Helotiden-Arten aus Formosa, mit beschreibung von 2 neuen Arten. Insecta Matsumurana, 5: 134-136.

- Pang H. 1993. The Epilachninae (Coleoptera: Coccinellidae) from Taiwan collected by J.

Klapperich in 1977 with description of a new species. Journal of South China Agricultural University, 14(4): 105-110.

●Pang H, Tang X F, Booth R G, Vandenberg N, Forrester J, McHugh J,Ślipiński A. 2020. Revision of the Australian Coccinellidae (Coleoptera). Genus *Novius* Mulsant of Tribe Noviini. Annales Zoologici, 70(1)1-24.

●Pang X F, Gordon R D. 1986. The Scymnini (Coleoptera, Coccinellidae) of China. The Coleopterists Bulletin, 40(2): 157-199.

●Pang X F, Yu G Y. 1993. Validity of *Scymnus* (*Parapullus*) Yang with a new species from Taiwan (Coleoptera: Coccinellidae). The Coleopterists Bulletin, 47(23): 228-231.

●Poorani J, lipi ski A, Booth RG. 2008. A Revision of the Genus *Synona* Pope, 1989 (Coleoptera: Coccinellidae: Coccinellini). Annales Zoologici, 58(3): 579-594.

●Ren S X, Pang X F. 1995. Four new species of *Scymnus* Kugelann from China (Insecta, Coleoptera, Coccinellidae). Spixiana, 18(2): 151-155.

●Szawaryn K, Bocak L, lipi ski A, Escalona AE, Tomaszewska W. 2015. Phylogeny and evolution of phytophagous ladybird beetles (Coleoptera: Coccinellidae: Epilachnini), with recognition of new genera. Systematic Entomology, 40: 547-569.

●Sakimura K. 1927. Transportation of predaceous coccinellids from Saipan to Bonin Island and Formosa. Kontyü, 9(2): 76-82.

●Sasaji H. 1967. A revision of the Formosan Coccinellidae (I), the subfamily Sticholotinae with an establishment of a new tribe (Coleoptera). Etizenia, Fukui, 25: 1-28.

●Sasaji H. 1968a. A revision of the Formosan Coccinellidae (II), Tribes Stethorini, Aspidimerini & Chilocorini (Coleoptera). Etizenia, Fukui, 32: 1-24.

●Sasaji H. 1968b. Coccinellidae collected in the paddy fields of the Orient with descriptions of new species (Coleoptera). Mushi, 42(9): 119-132.

●Sasaji H. 1968c. Phylogeny of the family Coccinellidae (Coleoptera). Etizenia, 35: 1-37.

●Sasaji H. 1971. Fauna Japonica: Coccinellidae (Insecta, Coleoptera). Tokyo: Academic Press of Japan, 340.

●Sasaji H. 1982. A revision of the Formosan Coccinellidae, Subfamily Coccinellinae (Coleoptera). The Memoirs of the Faculty of Education, Fukui University, Series II (Natural History), 31: 1-49.

●Sasaji H. 1986. The Cucujoidea (Insecta: Coleoptera) collected by the Nagoya University Scientific Expedition to Formosa in 1984. The Memoirs of the Faculty of Education, Fukui University, Series II (Natural History), 36(2): 1-14.

●Sasaji H. 1988a. The Formosan Coccinellidae collected by Dr. K. Baba in 1986. Transactions of the Essa Entomological Society, (65): 37-52.

●Sasaji H. 1988b. Contribution to taxonomy of Cucujoidea of Japan and her adjacent district, IV. The Memoirs of the Faculty of Education, Fukui University, Series II (Natural History), 38: 14-48.

●Sasaji H. 1991. The Coccinellidae (Coleoptera) collected from the Island of Lan Yu, Formosa by Dr. K. Baba in 1987, with the description of a new species. Transactions of the Essa Entomological Society, (71): 48-52.

●Sasaji H. 1992. Descriptions of four coccinellid larvae of Formosa, with the phylogenetic importance (Coleoptera: Coccinellidae). The Memoirs of the Faculty of Education, Fukui University, Series II (Natural History), 42: 1-11.

●Sasaji H. 1994. The Formosan Coccinellidae (Coleoptera) collected by the late Dr. K. Baba (third report). Special Bulletin of the Essa Entomological Society, (2): 235-240.

●Sicard A. 1912. Description d'espèces et variétés nouvelles de Coccinellides de la collection de Deutsche Entomologisches Museum de Berlin-Dahlem. Archiv fur Naturgeschite, 78A(6):

129-138.

•Ślipiński A. 2007. Australian ladybird beetles (Coleoptera: Coccinellidae): their biology and classication. Canberra: Australian Biological Resources Study, 286.

•Tomaszewska W, Szawaryn K. 2016. Epilachnini (Coleoptera: Coccinellidae)-Arevision of the world genera. Journal of Insect Science, 16(1): 1-91.

•Timberlake P H. 1943. The Coccinellidae or ladybeetles of the Koebele collection - part I. Bulletin of the Experiment Station of the Hawaiian Sugar Planters' Association, Entomological Series, 22: 1-67.

•Weise J. 1923. H. Sauter's Formosan Ausbeute: Coccinellidae. Archiv fur Naturgeschite, 89A(2): 182-189.

•Weise J. 1929. Westindische Chrysomeliden und Coccinelliden. Zoolologische Jahrbücher, Jena, Supplement, 16: 11-34.

•Weise J. 1933. Bemerkungen über Coccinelliden von Formosa. Transactions of the Natural History Society of Formosa, 23: 299-304.

•Yang C T. 1971. Notes on the species of genus *Pseudoscymnus* from Taiwan (Coccinellidae). Journal of Agriculture and Forestry, Taichung, 20: 85-96.

•Yang C T. 1978a. A new subgenus and species of Coccinellidae. Bulletin of the Society of Entomology, Taichung, 13(1): 27-28.

•Yang C T. 1978b. *Scymnus* (Subgenus *Pullus*) (Coleoptera, Coccinellidae) of Taiwan. Plant Protection Bulletin, Taiwan, 20(2): 106-116.

•Yang C T, Wu R H. 1972. Notes on some Coccinellidae of Taiwan. Journal of Agriculture and Forestry, Taichung, 21: 115-128.

•Yu GY. 1994. Cladistic analyses of the Coccinellidae (Coleoptera). Entomologia Sinica, 1(1): 17-30.

•Yu GY. 1995. The Coccinellidae (excluding Epilachninae) collected by J. Klapperich in 1977 on Taiwan. Spixiana, 18(2): 123-144.

•Yu G Y. 1995. Coccinellidae (excluding Epilachninae) collected by J. Klapperich in 1977 on Taiwan (Insecta, Coleoptera). Spixiana, 18(2): 123-144.

•Yu G Y. 1996. The Chinese species of *Diomus* Mulsant (Coleoptera: Coccinellidae). Entomotaxonomia, 18(4): 276-282.

•Yu G Y. 2001. Two new species of ladybeetles (Coleoptera∶ Coccinellidae) from Taiwan. Bulletin of the National Museum of Natural Science, 14: 99-103.

•Yu G Y, Pang H. 1997. A catalogue of Coccinellidae of Taiwan (Coleoptera). Journal of Taiwan Museum, 50(1): 1-19.

•Yu G Y, Pang X F. 1992. Description of male genitalia of *Shirozuella mirabilis* Sasaji with two additional new species from Taiwan (Coleoptera: Coccinellidae). Journal of South China Agricultural University, 13(3): 37-41.

•Yu G Y, Wang H Y. 1999a. A new species and a new record of lady beetles (Coleoptera: Coccinellidae) from Taiwan. Journal of Taiwan Museum, 52(1): 27-31.

•Yu G Y, Wang H Y. 1999b. Descriptions of male genitalia of *Sospita quadrivittata* Miyatake and *Halyzia shirozui* Sasaji (Coleoptera: Coccinellidae). Journal of Taiwan Museum, 52(1): 33-37.

•Yu G Y, Wang H Y. 1999c. Guidebook to lady beetles of Taiwan 臺灣瓢蟲彩色圖鑑 . Taipei: Shih Pony, 213 pp. (bilingual, English and Chinese).

•Yu G Y, Wang H Y. 2001. Two new record species of lady beetles of Taiwan. Journal of Taiwan Museum, 54(1): 1-7.

後記

自本書於2012年初版後，瓢蟲的系統演化研究有了不少進展，其中之一是對食植瓢蟲的研究，把一些原本是亞屬提升為屬的水準，成立一些新屬和歸併一些屬（亞屬）（Szawaryn et al., 2015；Tomaszewska et al., 2016）。這樣處理後，對不少種類進行了調整。本書暫未採用，原因是臺灣不少種（見列表3）仍未涉及。這裡將本書的食植瓢蟲種類變動情況列出，供讀者參考。

⊙ 表1　歸屬改變的食植瓢蟲（右列為新的學名）

咬人貓黑斑瓢蟲　　*Afissula expansa*（Dieke, 1947）／*Afissa expansa* Dieke, 1947

瓜黑斑瓢蟲　　　*Epilachna admirabilis* Crotch, 1874／*Diekeana admirabilis*（Crotch, 1874）

直管食植瓢蟲　　*Epilachna angusta* Li, 1961／*Uniparodentata angusta*（Li, 1961）

雙葉食植瓢蟲　　*Epilachna bifibra* Li, 1961／*Uniparodentata bifibra*（Li, 1961）

清鏡食植瓢蟲　　*Epilachna chingjing* Yu et Wang, 1999／*Uniparodentata chingjing*（Yu and Wang, 1999）

大食植瓢蟲　　　*Epilachna maxima*（Weise, 1898）／*Diekeana maxima*（Weise, 1898）

⊙ 表2　歸屬未變的食植瓢蟲

馬鈴薯瓢蟲　　*Henosepilachna vigintioctomaculata*（Motschulsky, 1857）

茄二十八星瓢蟲　*Henosepilachna vigintioctopunctata*（Fabricius, 1775）

大豆瓢蟲　　　*Afidenta misera*（Weise, 1900）

波氏裂臀瓢蟲	*Henosepilachna boisduvali*（Mulsant, 1850）
齒葉裂臀瓢蟲	*Henosepilachna processa*（Weise, 1908）
鋸葉裂臀瓢蟲	*Henosepilachna pusillanima*（Mulsant, 1850）
半帶裂臀瓢蟲	*Henosepilachna subfasciata*（Weise, 1923）
阿里山崎齒瓢蟲	*Afissula arisana*（Li, 1961）
中華食植瓢蟲	*Epilachna chinensis*（Weise, 1912）
十一斑食植瓢蟲	*Epilachna hendecaspilota*（Mader, 1927）
厚顎食植瓢蟲	*Epilachna crassimala* Li, 1961
十點食植瓢蟲	*Epilachna decemguttata*（Weise, 1923）
臺灣食植瓢蟲	*Epilachna formosana*（Weise, 1923）
景星食植瓢蟲	*Epilachna chingsingli* Yu, 2011
長管食植瓢蟲	*Epilachna longissima*（Dieke, 1947）
圓斑食植瓢蟲	*Epilachna maculicollis*（Sicard, 1912）
小陽食植瓢蟲	*Epilachna microgenitalia* Li, 1961
十二星食植瓢蟲	*Epilachna mobilitertiae* Li, 1961
巴陵食植瓢蟲	*Epilachna paling* Yu, 2001
曲管食植瓢蟲	*Epilachna sauteri*（Weise, 1923）

　　此外，*Rodolia Mulsant*，1850被認為是*Novius Mulsant, 1846*的異名（Pang et al.,2020）。這樣，把臺灣有分布的4個種均歸於*Novius*屬下，中文名不變。

中名索引

學名索引

T

國家圖書館出版品預行編目（CIP）資料

瓢蟲圖鑑＝Ladybug／林義祥（嘎嘎）、虞國躍著
-- 二版. -- 臺中市：晨星出版有限公司,
2021.10　面；公分.－－（台灣自然圖鑑；24）

ISBN 978-626-7009-30-7（平裝）
1.甲蟲 2.動物圖鑑

387.785025　　　　　110010823

詳填晨星線上回函
50 元購書優惠券立即送
（限晨星網路書店使用）

台灣自然圖鑑 024

瓢蟲圖鑑

作者	林義祥、虞國躍
主編	徐惠雅
執行主編	許裕苗
版型設計	許裕偉

創辦人	陳銘民
發行所	晨星出版有限公司
	臺中市 407 西屯區工業三十路 1 號
	TEL：04-23595820　FAX：04-23550581
	http：//www.morningstar.com.tw
	行政院新聞局局版臺業字第 2500 號
法律顧問	陳思成律師
初版	西元 2011 年 03 月 10 日
二版	西元 2021 年 10 月 06 日
讀者專線	TEL：（02）23672044／（04）23595819#230
	FAX：（02）23635741／（04）23595493
	email：service@morningstar.com.tw
網路書店	http://www.morningstar.com.tw
郵政劃撥	15060393（知己圖書股份有限公司）
印刷	上好印刷股份有限公司

定價　790　元

ISBN 978-626-7009-30-7
Published by Morning Star Publishing Inc.
Printed in Taiwan